True Wealth Formula

财富流

| 财富与幸福篇 |

[美]
汉斯·约翰逊
(Hans Johnson)
著

王正林
译

中国科学技术出版社
·北 京·

True Wealth Formula: How to Master Money, Live Free & Build a Legacy © 2020 Hans Johnson
Original English language edition published by Scribe Media 815-A Brazos Street, Suite #220 ,
Austin, TX , 78701, United States
Arranged via Licensor's Agent: DropCap Rights Agency
Simplified Chinese rights arranged through CA-LINK International LLC
Simplified Chinese edition Copyright © 2024 by **Grand China Publishing House**

本书中文简体字版通过 **Grand China Publishing House**（**中资出版社**）授权中国科学技术出版社在中国大陆地区出版并独家发行。未经出版者书面许可，不得以任何方式抄袭、节录或翻印本书的任何部分。

北京市版权局著作权合同登记　图字：01-2022-7069

图书在版编目（ＣＩＰ）数据

财富流.财富与幸福篇/（美）汉斯·约翰逊
(Hans Johnson) 著；王正林译.--北京：中国科学技
术出版社，2024.2
　书名原文：True Wealth Formula
　ISBN 978-7-5236-0262-1

　Ⅰ.①财… Ⅱ.①汉… ②王… Ⅲ.①财务管理-通俗读物 Ⅳ.① TS976.15-49

中国国家版本馆 CIP 数据核字 (2023) 第 129836 号

执行策划	黄　河　桂　林	
责任编辑	申永刚	
策划编辑	申永刚　屈昕雨	
特约编辑	魏心遥　蔡　波	
封面设计	FAJUN MONDERLAND	
版式设计	孟雪莹　翟晓琳	
责任印制	李晓霖	

出　　版	中国科学技术出版社
发　　行	中国科学技术出版社有限公司发行部
地　　址	北京市海淀区中关村南大街 16 号
邮　　编	100081
发行电话	010-62173865
传　　真	010-62173081
网　　址	http://www.cspbooks.com.cn

开　　本	787mm×1092mm　1/32
字　　数	125 千字
印　　张	7
版　　次	2024 年 2 月第 1 版
印　　次	2024 年 2 月第 1 次印刷
印　　刷	深圳市精彩印联合印务有限公司
书　　号	ISBN 978-7-5236-0262-1/TS·109
定　　价	69.80 元

（凡购买本社图书，如有缺页、倒页、脱页者，本社发行部负责调换）

财富自由系统探讨的不仅仅是金钱，他描绘的是一种幸福生活的心态和方式，我们可以选择为自己承担责任，同时为他人创造价值，并且遵循爱的生活法则。

推荐阅读:《财富流》

顺应天性、顺势创富的底层逻辑

4 种财富性格,9 个财富层级,1 套财富全球定位系统,

带你驶入创富快车道

金钱与幸福，财富与美

《金钱与命运》作者、个人理财专家、理财专栏作者

毛丹平博士

"洞房花烛夜""金榜题名时""他乡遇故知"是人生的三大喜事，而汉斯·约翰逊的《财富流.财富与幸福篇》让我有他乡遇故知的感觉。这本书的英文主书名 *True Wealth Formula*（真正的财富公式）和我多年前在《21世纪经济报道》的专栏名字《理财方程式》几乎如出一辙。其英文副书名 *How to Master Money, Live Free & Build a Legacy*（如何掌握金钱、自由生活和建立遗产）则是本书中文名的核心：财富流就是财富与幸福的最完美的关系。

过去，我的演讲常以"透过财富管理，拥享幸福生活"作为结尾，它打动了很多人。20年过去了，这句结尾的话演变成了"穿透岁月，让财富温暖世代家族"。话虽然变了，但其核心宗旨没有变，幸福生活是目标，财富管理是手段。

约翰逊颠覆了有钱就幸福的财富观；他强化债务管理工具，强调家庭文化和财富传承同等重要，就像我长期坚持"财富与美读书会"来陪伴家族女主人成长；他构建了财富自由系统，工具化地指导家庭的财富管理。

当看到约翰逊回忆，小时候在朝不保夕和穷困潦倒的环境中成长，我想起在"我的财富与你"沙龙里同学们做的分享。在这个沙龙里，我常常让同学们回忆金钱给大家带来的"耻辱的记忆"，回忆为什么渴望赚钱。"志在赚钱"也是约翰逊的一大目标，他探索着自主创业，思考如何让钱为自己工作。庆幸的是，约翰逊将他的所思所做用一本书、一个系统表达出来，让更多的人可以跟随他的财富自由系统（True Wealth Formula），重塑财富创造的思维模式，建立终身的财富独立、财富自由和财富传承。

一个富裕家族应该有家族财富的首席财务官（CFO），就像一个企业有专门的财务部门一样。如果有人能为自己和家族建立一套值得信赖的管钱管事的系统，这是一种幸运，是一种美的生活，是一种穿透岁月的智慧。

探寻财富的深层意义，
实现世代家族的财富自由

写这本书是一种宝贵的经历。研究诸如投资或创造财富之类的复杂话题，将其用大家都懂的语言表达出来，并提出不会过时的可持续、可落地的系统方案，是一种令人难忘的经历。我希望你们能接受财富自由系统的深层意义，同时也能从他的特定战略和战术中受益。

我在本书中专门地、几乎完全地使用了"他"这个代词指代财富自由系统。请允许我将他拟人化，因为财富自由系统是自动化、可持续的，有自己的独特"性格"。如果你想用别的词代替他，请自便，只要你觉得有必要。

你应当知道，虽然我也许拥有令人难以置信的人生经历和成功的商业经验，但我不会称自己是这方面的专家。我要学习和了解的东西太多了。人生和世界都是不断变化的，它们完全有可能给那些比我聪明得多的人造成难堪。

最后，请你知道，我只是一位私人投资者、企业主、丈夫和父亲，在人生的道路上，我肯定也会犯很多的错误。我不是有执照的财务顾问、注册会计师或律师。请你根据自己的实际情况进行投资理财，若有必要，请咨询专业财务人士。

朋友们，请开始这一旅程吧！

目 录
True Wealth Formula ●

第 3 章　财富大厦支柱一：解决债务　　53

调整心态，管理消费，从根源上解决债务的问题

第 4 章　财富大厦支柱二：增加收入　　95

越早开始种植金钱的种子，
越早拥有一个可以世代相传的财富果园

第 1 章

成为拥有自由、
安全感与成就感的
财富创造者

财富自由系统，你的生活和财富创造总策略

安德鲁·哈勒姆
（Andrew Hallam）

畅销书《财务自由笔记》作者

TRUE WEALTH FORMULA

要在财务上远离风险，我们就必须积累资产，而不是负债。能让人终身受用的最保险的办法，就是少花多赚，然后用剩下的钱理性投资。在学习投资积累财富之前，我们首先要学习如何攒钱。如果我们想凭借中低收入者的薪水致富，我们就不能做一个平庸的投资者。

几年前，一位名人想方设法地解释他如何"损失了 6.5 亿美元"的事情上了新闻。这位超高收入人士依赖一些"可信"的财务顾问来管理他的巨额资产，后者要么给他提出了错误的建议，要么没能约束住他失控的生活方式和支出。结果，这位名人不得不面对许多指责和诉讼，生活变得一团糟。这个故事完美地概括了我写这本书的起因。

看到类似的名人故事，一些人很容易这样想：好愚蠢啊！这样的事情绝不会发生在我身上。

需要说明的是，公众人物往往承受着巨大的压力，而这种压力最终只会使得更深层次的问题进一步恶化。单是自己的一举一动曝光在公众面前，没有隐私可言，就是一个大问题。对这位名人来说，哪怕是一个月 200 万美元，也不够他花。

如果你曾想"假如我能赚更多钱，我面临的问题就解决了，我就开心了"，那么这本书就是为你而写的。

我在开篇介绍这位名人的不幸遭遇，原因是什么呢？

无论是这位名人自己，还是他聘请的高级律师或财务顾问，似乎都没有理解现金流资产与非现金流资产之间有什么不同，而这本书将不厌其烦地深入探讨这一点，直到它"刻"在你的脑海中。但上述这位名人不幸遭遇的原因远比两者之间的区别深刻得多。

在类似的故事之中，谁是受害者？谁又是加害者呢？

现实是这样的：自己的事情需要自己去做，别人无法替代你。这意味着，你自己，也只有你自己，才是你自身的财务状况和幸福感的责任人。别人不欠你什么。

如果这句话冒犯了你，那么，你不妨现在把这本书暂时放下，因为你很快就会发现，只有理解了这个令你不舒服的真相，并且慢慢地接受这个事实，你才能逐步获得财富自由。

我不得不在自己的内心深处也直面这个现实，这并不容易，相信我！将责任归咎于他人，总是更容易一些，特别是当我们感到自己被人冤枉或利用的时候。

那些入不敷出的家庭，情况又怎样呢？他们如何才能不再做金钱的奴隶，开始创造财富？这本书也回答了他们的担忧。

我花了许多时间来为我自己、我的家人和我们的客户回答各种各样的关于金钱和财富的问题。

在不断的自我求索中，我整理了大量有关财富的知识，并且研发出一个可靠的、能够自动产生可重复结果的系统，这一过程催生了《财富流·财富与幸福篇》这本书。

我为什么写这本书呢？请你先回答由来已久的问题：怎样才能变得财富自由？我们如何成为金钱的主人，不再做它的奴隶？

本书的内容，你在学校是学不到的。

欢迎阅读《财富流·财富与幸福篇》，这是帮你通向个人财富自由的蓝图。请你享受这一旅程！

出身贫寒，我 8 岁就开始做生意赚钱

我在夏威夷岛的科纳长大，8 岁时我就创办了自己的第一家"公司"。那时我家很穷，靠救济金生活，需要用政府补助的钱来购买食物、学习用品和其他生活必需品。

我的成长没有父亲的陪伴，我的母亲是一位生活困顿的单亲妈妈，而我们每 3～6 个月就不得不搬一次家。多亏了食品券，我们的餐桌上才有了食物，但经济情况总是不稳定，我和弟弟经常睡在有顶棚的门廊的弹簧床垫上。正是在那时，我开始学习制作夏威夷花环。

放学后，我从附近的鸡蛋花树上摘一些花，制作传统的夏威夷花环。然后，我会穿着阿罗哈衫在村子里转悠，拿着一根竹竿，竹竿上挂着夏威夷花环，把它们卖给游客。

有些人会想：这样的事情，对一个小孩子来说真是太艰辛了。但我觉得，这是一种强大的自由体验。我不仅有机会到街头逛来逛去，这也是小孩子最喜欢的玩耍方式，而且还学到了一些极其宝贵的人生经验。

我很快就意识到辛勤劳动的价值：如果我心里十分渴望某样东西，并且愿意为之付出艰苦努力，那么我可以在付出汗水之后得到它。此外，我学习到销售行业基本知识，也学会如何应对拒绝，因为不是每个人都想买我的花环，我常常被游客拒绝。

由于我的产品保存期较短，因此我不得不学会时间管理，并且思考什么时候打折出售。即使我是在一种朝不保夕和穷困潦倒的环境中成长，我依然在探索着自主创业，磨炼自己的毅力，以及适应环境的技能。

并不是每个小孩都能有我这样的经历，如今，也没有多少年轻人能以这样的方式来解放思维、打开眼界。我很幸运的是有一位十分信任我的母亲，她鼓励我出去历练。母亲对我的鼓励，我永远心怀感激。

到我 12 岁时，由于家里经济收入仍旧不稳定，我要么和母亲、外祖父母住在一起，要么和我一位朋友的父亲住在一起。我记得，就是在那时，我第一次梦想着财富自由。

我对自己承诺过，总有一天，我会以某种方式成为一位百万富翁。我知道，我不想我将来的孩子们像我这样长大。16 岁时我就开始自力更生。

如果说我的童年十分忙碌，我在自己童年时期就学会了如何生存，这可能是一种低调的说法，但我努力让自己重点关注这些经历中的积极一面。直到后来，我发现贫穷心态在我脑海中挥之不去，我才意识到，自己内心深处对贫穷的恐惧，是怎样影响我与金钱以及人际交往的。

我们的心态、内心想法以及信念体系，构成了我们的人生观，它们有可能在我们创造财富的过程中成为一个主要障碍。关于这个主题，我们稍后将详细探讨。

创富的头号法则：让金钱为我们工作

我的童年虽然忙碌，但我参加了一个武术培训班。这个培训给我带来了稳定性、专注力和自律。我和一个名叫达米安的人一同学习。他是一位百万富翁，不过，我最初并不知道。

在我们的培训课上，达米安谈到 99% 的人与 1% 真正富有的人之间的真正差别。他说，99% 的人都只是在寻找简单的解决问

题的办法，只有 1% 的人永不放弃，去寻找详细的、可持续的解决问题的办法。

我开始花更多时间和达米安在一起。他是我在致富路上的第一位导师，如今是我的亲密朋友。我从达米安那里学到很多，我对他充满感激。

达米安知道我志在赚钱。我总是问他一些关于成功的话题。一天，他分享给我一个观点：创造财富的关键是让金钱为我们工作，而不是我们为金钱工作。

我第一次听到这些话时，就把它们记了下来。从那时起，一颗智慧的种子就已经深深地种在我的脑海中。这颗种子，我需要花多年的时间来浇灌和反复培育，才能让它开花结果。

赚钱只够糊口是不可持续的

在我毕业前几天，我最好的朋友克里斯帮我在一家水下建筑公司找到了一份商业潜水员的工作。我喜欢这份工作，我是团队中最年轻的潜水员。这是一份具有挑战性的工作，适合内向的我。

我疯狂地投入工作，每周工作 40~60 小时，挣到了我当时认为十分可观的收入。最后，我终于能够开启我的节省支出的旅程，并且开始更加认真地思考财富自由。

当时，一个名叫迈尔斯的同事是薪水最高的高级潜水员。他曾是深海栖息地的潜水员，他可以在水下坚持生活数周。我们年轻的潜水员只要遇到了问题，都求助于迈尔斯。我们尊称他为"水下百战天龙"（《百战天龙》是一部很老的美国电视剧的名字，剧中的主人公能够创造性地摆脱任何困境，无论多么不可能），对他无比推崇。他代表了我们都想达到的顶峰。

随着时间的推移，我观察到迈尔斯和我们一样在岛上繁华的地段工作，每周工作 6 天。但他家则在岛上比较偏僻的地方，因为他的收入只能负担稍微便宜一点的房子。在每个星期的工作日下班后，他不回家而是在他那辆旧皮卡的后备箱里露宿，到了周六晚上，他开两小时的车回家去看望他的妻子和 1 岁的儿子。周日的晚上，他再开车回来我们这边，这样周一早晨再度按时投入潜水的工作中。

我知道自己不想过那样的生活。尽管迈尔斯实际只有 35 岁左右，但他看起来像 50 岁的人，商业潜水的那种环境压力使他的容貌快速衰老。

渐渐地，我意识到，这不是我想要的职业。对我来说，仅仅为了挣扎着糊口而努力工作是没有意义的。我不想我的职业生涯达到这样的顶峰，尽管这样看起来是和家人在一起，但实际上只是勉强靠薪水过日子，没时间陪家人。

我开始换个角度看问题。从孩提时代开始，我便养成了思考

的习惯，我总是问自己，事情为什么会是这样？我从不害怕挑战现状。担任潜水员是我最后一次为别人工作。我开始考虑创业，并且拥有了自己的公司。

开始深入研究"怎样让金钱自动为我们工作"

我遇到了一位叫达妮的"高能"女孩。她比我大几岁，创办了一家新公司，这家公司使她从无家可归的窘境中摆脱出来，而且每月挣到 1 万美元。当时，我的脑子里甚至想都不敢想自己会有这么多钱。

但后来，我有机会了解她在做什么，而且，这个"高能"女孩成了我的商业教练。我完全被她说服了，开始全身心地投入学习，参加每次研讨会，学习如何在人们面前演讲和推销，这些是我原来非常害怕的事情。我第一次感到人生充满了希望，有着美好的前景，而达妮一直是世界上最擅长训练和激励他人追求成功的人士之一。

接下来，令人意想不到的事情发生了：达妮和我坠入爱河，我们结婚成家，移居到加利福尼亚州。

这一切到底是怎么发生的？对我这个在海滩上长大的孩子来说，生活的变化太快了。压力骤然变大，作为一个年轻且无知的丈夫和父亲，我感到了身上承担的分量、压力和责任。

随着时间的流逝，我的商业经验逐步累积，我始终记得自己财富自由的梦想，我不想看到我的孩子们像我那样长大，并且我急切地渴望在婚姻和人生中双双获得成功。

我开始认真思考"怎样让金钱为我们工作"。但在能够这么做之前，我们需要额外挣些钱。

怎么挣呢？我们要怎样做才能打破那种靠薪水过日子的贫穷怪圈，开始存下可自由支配的收入？通过经商，我们挣到了可观的收入，但仍没有任何的积蓄，也没有创造真正的财富。我们要怎样才能让金钱为我们工作，而不是我们为金钱工作？有没有一种方法做到这一点，甚至更重要的是，能不能使得创造财富的过程变得自动化，出现一个不会出现故障的永动过程？

寻找这些问题答案的过程，变成了我终身的自省旅程。在这个过程中，我进行实验并深入研究财富法则，包括定义、获取、保住和增长真正的财富。这些都是这本书的核心内容。

关于金钱、成功以及投资的图书，可谓浩如烟海，但它们大多数似乎都没有提供一种可靠的、可落地的具体步骤的根本策略。

我在寻找一个系统，一种得到证明和测试的、具有恒久力量的"常青的"系统，而不是又一种只能流行一阵子的、过不了多久就会过时的系统。

这本书是我多年来重新定义这个系统的结果，他将告诉你，你在自己一生中运行这个系统，需要知道些什么。

财富自由系统可助你在赚钱的同时，不失去生活目标

财富自由系统是一个思想框架，也是一种大师级的创造财富的策略。他研究我们多年来了解到的一切，从生活穷困潦倒摇身变成乐享令人惊艳的富足生活，最终实现财富自由的整个过程。

虽然这本书的大部分内容着重探讨创造财富核心的、战略的原则与方法，但它还探索了财富本身真正的意义。

财务成功是实现目的的手段。确定你要实现的目标十分重要，但它也是你个人的事情，是我们每个人必须为自己做的事情。

不幸的是，几乎没有什么人花时间来定义财富或成功。我们追求人生的目标，但很少停下脚步或者放慢步子来问自己这些问题：我在奋力争取些什么？这到底是我自己的梦想，还是我一直被灌输去接受别人的梦想？

始终记得从更宽广的视野着眼，和我们始终关注底线同样重要，这本书将帮助你同时做到这两点。它既是一本创造财富主题的手册，也是一种获得成就感和成功人生的理念。事实上，财富自由系统是一个全面的财富创造体系，可助你在赚钱的同时，不失去生活目标。

多少钱才能让我们感到幸福和成功？

我的早年生活艰难，所以我很早就着重关注经商和赚钱。直到后来我才明白，财富的意义不仅仅是金钱。

当我们已经满足了自己所有的物质需求之后，我不得不面对这个问题：接下来我该做什么？正是从那时起，我开始更深地思考财富与自由的概念。

在我们追求真正的财富之旅中，重要的是一开始就将这个目标牢记在心，并扪心自问：如果我们拥有了自身生活需要的所有金钱，那么我们接下来该做些什么呢？我将在后面的内容中解答这个问题。

多少钱才能让我们感到幸福和成功？

普林斯顿大学曾经组织过一项关于金钱与幸福之间相互关联的研究，解答了这个问题。该研究发问：到什么样的地步，一个人多赚 1 美元，不再给他带来同样 1 美元的幸福感呢？答案是：大约年收入达到 7.5 万美元时。当然，根据当地人们的生活水平，这个数字还会有些变化。在美国旧金山，7.5 万美元带来的幸福感，远不如美国其他地区。

这项研究中一个有趣的方面是，一旦某个人生活得很好，有足够的钱来支付日常开销，尽情享受生活，那么，有更多的金钱，

不一定使他更快乐。年收入 3.75 万美元与年收入 7.5 万美元所带来的生活质量，有着巨大的差别。但根据这项研究，年收入 7.5 万美元与 15 万美元所带来的幸福感，却相差无几。当人们的收入达到某个点的时候，收入翻番不一定使得幸福感随之倍增。超过这个点后，金钱带来的回报就会缩减。**在某些时候，幸福感甚至随着收入的增长而减少。**

我体验过两种极端的生活：贫穷的生活和富裕的生活。尽管我确实更喜欢富裕的生活，但我不再欺骗自己：相信越有钱就越幸福。有时，更多的钱可能带来更重的负担。

金钱与幸福感象限：4 种生活状态

为了解决这个长期存在的矛盾和冲突，我向你介绍金钱与幸福感象限（见图 1.1）。

几乎所有人的生活都要面对的事情：学会平衡金钱与幸福感，才能找到适合自己的生活方式。图 1.1 展示了 4 种不同类型的人，他们在生活中对金钱和幸福感的重视程度各不相同。

4 个象限是人们发现他们自己身处的 4 种处境或者经历的 4 种生活状态。图 1.1 中的下方是没有足够的金钱或技能的人的处境，上方是经济上富足的人的处境；图 1.1 中的右侧展示的是珍视人际关系、爱、精神力量以及成就感的人的处境，左侧是更加关心自己的人的处境。

图 1.1　金钱与幸福感象限

财富创造者

图 1.1 的右上象限是享受自由、安全感和成就感的人，他们是财富创造者。这是财富自由系统的"最佳状态"或者"目标区"。

不论国籍、种族、文化或宗教信仰，每个人的内心深处都怀有一种对自由、安全感和成就感的内在渴望。没有人想要受到别人的压迫与控制，在别人的命令下被动地做、想、说。

人最基本的自由是思想、表达、活动、隐私的自由以及人身和私有财产的安全。另一些期望的自由包括能够决定自己的职业发展路径、和什么人交往，以及有机会改善自身的财务状况。

重要的是搞清楚，自由和权利不是一回事。能够自由地做你想做的事情，并不意味着要别人给予你什么。自由需要你对自己的行为负责，并且不侵犯他人的人身或财产。它存在一定程度的不确定和风险，这通常与安全感相冲突，但在一个自由社会中，自由的优先程度更高。

我们都渴望安全感。我们都希望晚上能够安全地在街上散步，不希望生活在恐怖中。我们对安全感的渴望与对自由的渴望一样，都是普遍存在的，而经济资源在其中发挥了很大的作用。

安全感的另一个重要方面是你对自己是怎样的人充满信心。缺乏安全感的人，无论表现出来的是嫉妒、怨恨还是不健康的自尊，都会让自己和身边的人痛苦不堪。

成就感也许是幸福感的最重要组成部分。它远不是实现目标、受到同行或我们所属的社会群体的认可。它来自我们内心深处的精神认同、力量和满足感，来自高质量的人际关系，来自对他人生活的贡献，也来自我们自己的成长。

富裕的可怜虫

占据了图 1.1 中左上象限的人们拥有金钱和物质，通常会炫耀自己的富有和成就。我亲切地称他们这种人为富裕的可怜虫。

我知道，这个称呼对有些人来说是一种冒犯甚至带有歧视，但之所以这样称呼这些人，是因为我自己曾过着那样的生活，而且感觉糟透了。

富裕的可怜虫买豪车、穿名牌衣服，或者过于看重实现下一个主要目标，背负着巨大的压力，以至于很难享受当下的成就或者已经取得的成功。一般来讲，相对于与人交际，富裕的可怜虫更加看重身份地位、物质占有、名誉声望以及个人成就。

富裕的可怜虫常常学会了将关注焦点放在他擅长的事情上，比如推动项目进展、完成任务，而不是放在维护人际关系上。他可能会将自己的行为当作一种生存机制来解释其合理性，或者相信自己永远是对的。

驱使富裕的可怜虫的根源在于害怕，他从来不满足。每次他达到了一个认为将给自己带来幸福的目标时，这个目标就像海市蜃楼一样消失了，而被另一个遥不可及的目标或挑战取而代之。富裕的可怜虫好比生活在一座孤岛中。他表面上看起来一切都很好，但内心深处缺乏安全感、痛苦不堪。

有时候，富裕的可怜虫也确实珍视和在意他身边的亲朋好友，但他就是觉得，推动项目进展比维护人际关系更重要。耗费精力维护好人际关系给他的生活制造了压力。

因此，他自己最终的痛苦根源，往往是他将关注的焦点放在他认为自己能控制的事情上，这给他一种成就感。多年来，我在内心挣扎时，就会出现这种情况。由于内心缺乏安全感，过去的不幸经历和深埋心底的问题一旦爆发，我通常会将自己孤立起来，用消极的、不健康的方式交流，这对自己和他人都是有害的。

如果你认为自己并不"富有"，不可能成为富裕的可怜虫，那么你可能大错特错了。用生活标准来衡量的话，如果你生活的地方拥有自来水和电，那么，和人类历史时期的生活标准相比，你的生活很富有。

懒惰的索取者

图 1.1 的左下象限是懒惰的索取者，他们和富裕的可怜虫正好相对。我们大多数人的生活早期就是处于这个象限。我们从学校毕业后，找工作并频繁地跳槽，欠下许多债务（信用卡和学生贷款等）。我们入不敷出，经常依赖别人的经济支持或资助。

一些健康的、身体健全的人陷入了贪图安逸的陷阱，永远无法突破懒惰的索取者这个象限。他们终其一生都觉得别人欠了他们什么，永远都没有学会自食其力。他们依赖别人，要么是家人或朋友，要么是政府的救济款。他们从来没有对自己的人生担负起应有的责任，每当状况没有得到改善，他们更喜欢责怪他人。

暂时地请求别人帮助，则另当别论。

老是依赖他人的帮助的人，就是懒惰的索取者。

我们都陷入过穷困潦倒或困境的时候，但我们应当加倍努力，尽快重新站起来，重新独立。与一些人可能认为的相反，从事体力劳动和努力工作，往往对心理健康有益。当人们变得卓有成效时，总是以积极的方式积聚前进的力量，产生累积效应。

贫穷的乐天派

图 1.1 的右下象限是贫穷的乐天派。你可能认识这样的人，他们有时候是"社会中坚"类型，从事某项值得为之奋斗终生的事业，或者致力于解决一个比他们个人成就更重要的问题。他们表面上精力专注，常常借助非营利组织或慈善组织相关联的机构帮助他人。他们在经济上往往捉襟见肘，依靠"筹集资金"来生存，或者获得朋友和家人的资助。贫穷的乐天派通常感到幸福和满足，即使他们无法及时支付自己的账单。

真正受到某项事业的召唤去帮助他人的人们，对社会是必不可少的。从历史上看，他们发挥自己的重要作用去帮助孤寡人群、残疾人和因身体原因无法工作、不能养家糊口的人们。但是在许多情况下，贫穷的乐天派具有与懒惰的索取者类似的想法，觉得别人欠他们什么。

19

其根源往往是一个信念体系，这个体系用来对金钱的价值进行合理化或否定化。在另一些情况下，贫穷的乐天派做出的牺牲将导致个人的财务状况不佳，需要学习本书阐述的"财富自由系统"内的市场心态和开发新技能。

追求金钱不应牺牲人际关系或生活质量

不论人们在金钱与幸福感的象限图中处在什么位置，都揭示了他们的目标和他们是什么样的人。

如果我们为了追求金钱而牺牲健康或人际关系，赚再多的钱，我们都将以痛苦告终。如果我们牺牲自己的个人需求，更加关注他人，我们个人可能无法舒适地生活，或者不能给他人提供太大的帮助。如果我们自己也需要帮助，我们影响世界和他人的能力就会受到限制。

有时候，帮助他人最好的办法是先帮助我们自己，如此一来，我们可以站在强势的地位而不是弱势的地位来帮助他人。

金钱与幸福感的象限图澄清了我们的选择，解决了长期存在的有钱人与穷人之间的矛盾。两者之间存在相互关联，但它们并不是完全对立的：有钱人也可能很痛苦，穷人也可以很幸福。能花钱解决的事情都不是事，造成我们痛苦的往往有其他深层次的根源。我们想要发展自己的事业或者维持一段优质的关系，总会找到适合自己的方法，而不是让我们变成懒惰的索取者、贫穷的乐天派或者富裕的可怜虫。

我们的信念、优先考虑的事情以及勤奋学习与工作的意愿，决定了我们在象限图中的位置。

我们可以将目光扫向右上象限，获得自由、安全感和成就感，我们大多数人都十分渴望那样的状态。但是，财富自由系统从来不鼓励我们牺牲个人关系或生活质量来追求一时的富有。与此同时，他不会让我们因为不追求梦想而逃避，也不会让我们只在那里做梦和不切实际地幻想，他会激励我们付出真正的努力。只有行动起来，才能让一切有所不同。

待在舒适区会让我们丧失行动力

沿着金钱这根轴线移动的方法是提升技能。沿着幸福感这根轴线移动的方法是转变思想与改善人际关系。如果我们想要更多的幸福感，就需要花更多的时间，学会热爱这个世界，在现实生活中维护好和我们最亲近的人的关系。

在大多数情况下，除了身体或精神上的障碍，核心的价值体系和受害者心态是人们停滞不前、不去追求卓越做一位财富创造者的根本原因。

激发我们去做那些将使我们自己成功的事情时，我们可能感

受到一定程度的不幸福或不舒服。待在舒适区的人们通常没有强大的动力去改变，不愿意学习新技能，害怕挑战他们固有的思维与理念。

如果你当前并没有处在财富创造者的象限中，而你又想体验更加富有和成就感的生活，本书将为你提供指引。

人际关系比金钱、地位、成就更重要

谈到人际关系对我们生活的重要性，在一项研究中，研究人员询问退休前的被访者，最担心的是什么？答案是没有足够的钱。几年后，等到被访者退休后，研究人员向他们提出同样的问题，答案却变成了孤独。这应当给我们一个清醒的提醒，我们的生活中最重要的是什么。

财富创造者将人际关系看得比金钱、地位、成就更重要，而且当他的核心人际关系不正常、需要予以关注时，他会立刻发现关键所在。

这并不意味着他想方设法地取悦别人；只是意味着，他知道，如果他的财富创造者的角色缺少了活跃而健康的人际关系，失去了最亲密的家人和朋友，那么他只是个富裕的可怜虫。

现在，让我们开始行动起来，继续为我们的财富创造系统打下基础。

财富自由系统的结构类似于大厦

财富自由系统的结构类似于一个建筑物（见图 1.2）。当我们正确地构筑时，他提供蓝图帮助我们建造一台能够经受住时间检验的"财富创造机器"。

图 1.2　财富大厦的结构

对任何一幢建筑来说，最重要的部分是地基。建筑越宏大，地基必须越牢固，且深入地底。你不可能在一个浅薄的、不牢固

23

的或缺乏抵抗力的基础上建造一幢数层高的建筑。如果这样做，你也许能侥幸安然度过一段时间，认为自己战胜了自然和物理规律，但很快，建筑物上就会开始出现裂缝。裂缝出现后，建筑物会面临倒塌的危险。

说到个人的财富创造，也是同样的道理。如果我们想要建造一幢稳定的、经得起时间考验的"财富大厦"，就必须为它构筑一个坚实的地基。

100 层的建筑的地基，必须深入地底。这就好比一座冰山，它的大部分都潜藏在海底，我们无法看到。同样的原理也适用于财富自由系统。

财富自由系统的基础包含自有文字记录的时间开始我们对人类社会普遍规律的了解。我喜欢将他想象成日月运行一样自然。他是描述事物运行方式的法则与原则。

万有引力就是一个自然法则，万有引力的存在是一个事实。不论我们相不相信，它的效力以及对我们日常生活的影响并不会因此而改变。即使是从来没听说过万有引力的人，或者是对万有引力的存在没有概念或者根本不知道它如何发挥作用的人，每天也会受其影响。

财富自由系统的法则与原则也一样。不管我们了解与否、相信与否，他都是客观存在的，影响着我们的生活。

历史不会重复，但总是惊人的相似

对历史的知晓，特别是历史模式的知晓，有助于解决我们生活中的种种问题。这种知识使我们能够理解我们生活的背景，也是财富创造系统基础的重要组成部分。熟悉历史，目的不是要我们记住一些人名、时间和地点，而是要从中汲取智慧、洞察力和理解力。例如：

- **❓** 为什么债务有时候被认为是件可怕的事，而有时候又是件好事？

- **❓** 是什么塑造了我们的文化、观念和心态，它们又如何影响我们的个人生活？

- **❓** 是什么驱动着大众心理、群体思维，以及我们默认的部落效应，即使到了今天，我们依然逃不脱这些？

- **❓** 为什么我们反复犯同样的错误，并且忘记了汲取过去的教训？

上面所有这些，将怎样影响金融市场？我们如何充分利用这种影响并保护自己免受其害？要回答这些以及其他林林总总的问题，我们需要研究历史趋势和人类天性，以便理解为什么某些模式会反复出现。通过观察过去的事情是如何发展的，我们便开始

深入洞悉当今许多事情为什么会以这种方式发展。

为创造真正的财富奠定坚实的基础，我们需要通晓历史、熟悉那些塑造我们文化的原因，并且理解万事万物的运行法则。

财富自由系统的 5 大组成部分

在图 1.2 中，有 3 根支柱，它们支持着屋顶。

在财富自由系统中，这 3 根支柱是债务、收入和资产。你可以将这些支柱想象成活塞，是我们财富创造机器的核心驱动引擎。家族办公室是鼓舞人心的终极目标，它应当能激发我们建造自己的财富大厦。财富自由系统的 5 个部分是：

» 基石：审视自我和世界的方法

» 支柱之一：债务

» 支柱之二：收入

» 支柱之三：资产

» 屋顶：家族办公室

财富自由系统为我们自己以及财富创造的过程提供总战略，我坚信他也一定能帮到你。在接下来的章节里，我们将深入地分别探讨这 5 个部分。

财富自由系统就是你的财富进阶路线图

财富自由系统包括一些资金管理与投资策略。阅读本书，你将学会：

» 为创造财富重塑你的思维

» 消除债务，体验无债一身轻

» 提升在数字经济时代中生存和发展的强大技能

» 理解资产不同的人在资产管理上的不同

» 像有钱人那样以正确的方式投资和积聚财富

» 避免成为盗窃、欺诈的受害者

» 创建将持续和影响数代人的家族办公室

金钱是个工具，正如这本书里清晰阐明的那样，正确使用这个工具可以为这个世界做许多善事。这也表达了一种人生哲学——金钱的作用取决于我们如何使用它，金钱传递着价值。

心态是财富管理中一个至关重要的部分。财富自由系统珍视终身学习和对真理的不懈追求。当你采用了财富自由系统持续的自我改进和韧性十足的方法时，你就开始了终身冒险之旅。

多年来，我对我的许多客户说过，只要你学习了财富自由系

统的方法，世界就不再是你认识的样子了。你会用完全不同的视角来看待和观察世界。你会理解世界的运行法则，而且，你不再感到挫败、迷茫和被伤害，而是接纳这个世界，力争赢得人生。

这本书将给你需要的一切，但你必须认真学习、熟练掌握并运用它教给你的东西。记住这条法则：自己的事情需要自己去做，别人无法替代你。你必须采取行动，做出决定，掌握自己的命运，亲自打理自己的财富。财富自由系统将变成你的财富进阶路线图。它将改变你的想法以及积累财富的方式。

第 2 章

财富独立的基石：
掌握审视自我和世界的方法

创建自动化、可持续的财富流的底层逻辑

约翰·博格
（John Bogle）

畅销书《投资稳赚》作者

TRUE WEALTH FORMULA

投资收益与投机收益之和等于股票市场总收益。股票收益几乎完全取决于由企业创造的投资收益。至于反映在投机收益上的投资者心理因素，几乎对股市总收益没有影响。决定股票长期收益的是经济因素，而心理因素对短期市场的影响将随时间逐渐消失。

　　财富自由系统建立在知识、智慧和理解的基础之上。没有牢固的基础，象征债务、收入和资产的三大支柱就会像一座脆弱的建筑那样，在压力下崩塌。基础越是深入地底，越是坚实，财富大厦就能建设得越发高大、稳固。

　　下面这些内容将向你介绍一种心态，或者说一种观察事物并感知和理解我们身边世界的方法。更重要的是，财富自由系统是一种审视自我的方法，这种审视对我们自己积累和创造财富的成功与否，有着至关重要的影响。

　　我邀请你对你的大脑进行一次重新"洗牌"，以质疑你当前采用的观察、感知和你所做事情的方式。如果我们希望金钱给我们带来不同的结果，就必须换一种思维方式。不同的思维方式是用全新的、更有效的思维模式替换常规思维模式。

不断提问，才能找到财富运行的答案

财富自由系统的基础构筑在我个人的反复试验以及自我求索的历程之上。他出于一种对世界的强烈好奇心，出于对世界万物为什么会是现在这样子不断地提问。

我是一个性格很内向的人，我经常审视自己的思想、行为和动机，以了解它们会怎样影响我的为人处世。同时，我喜欢研究历史，不是用传统的方式来强记历史中的名字、地点和时间，而是像一位营销人员那样，着重关注人类行为和心理的历史模式，通过这样的练习提高快速决策的能力。

我的好奇心很强，不管在什么场合，我都喜欢后撤一步，提出更宏大的问题。在财富自由系统的思维模式之中，背景代表着一切。审视自我和世界的方法，建立在我们对自然法则、人性、历史模式、当前趋势，以及我们的心态等的理解之上。

例如，如果我想理解为什么政府出台的某项特定政策，我会采用宽广的视角来观察政府部门的运行方式。实际上，所有的政府最终都体现了广大人民的意志，所以我从自己开始，关注是什么在核心层面激励着我们。这需要一种大部分人都感到不舒服的残酷的坦诚。我发现事情总有更深层次的原因，所以我总像以前那样后撤几步，提出更宏大的问题。不断提问，才能找到答案。

不要为自己的不成功找理由，而要从自己开始提问

人们常说，历史总在重演。虽然事情不一样，但我们情绪的核心构成以及驱动我们心理的东西，几千年来一直没有改变。

如果你想了解当今世界正在发生什么，如果你想知道 2008 年金融体系为什么崩盘及之后是否会再次崩盘，如果你想搞懂经济周期或者全球发生的各种地缘政治事件，那么，你必须好好地、长时间地审视一下人性。

那么，怎么理解人性呢？你要从自己开始提问，我的天性是什么？当我在某件事情上没能成功，或者当我犯下一个代价高昂的错误时，我自己会怎样反应？我想将责任推到什么人或什么事之上？我要找谁来拯救我或帮助我？为了达到我想达到的目标，我需要改变些什么？我为什么会产生现在这样的想法，相信我现在相信的事情，并且以现在的这种方式来认知这个世界？

我经常问自己类似上面的问题。我在贫穷中长大，出于我自己也不甚明了的原因，开始了一段爱提各种问题的终身旅程。当事情进展不顺利时，我便开始提问。虽然这种做法有时会给我带来麻烦，但也帮助我克服了一些看似不可能克服的困难。另一些和我有着相似背景的人们却说，他们之所以没有成功，是因为他们家里太穷了，或者在长大的过程中没有父亲的陪伴。他们为自己的现状列出了一大堆的借口和理由，他们默认自己就是受害者。

但是，人生苦短，我们要在这短暂的一生中开辟自己的一番天地。我们真的需要花时间进行这种思考吗？

财富自由系统采用了一种逆向行事的思维模式

和许多人一样，我也容易受到外界压力的影响，不论它们是生活给予的压力，还是源于当前的经济状况、政治因素或者公共政策的压力。

我们都热衷关注时尚潮流，关注焦点新闻。我们从"专家"那里听到过或了解过他们"预测"经济，并且怀疑我们应当做什么，应当听谁的建议，这一切的真相到底是什么？

严格来讲，财富自由系统采用了一种逆向行事的思维模式，与大众的想法相悖。我们通常不采用大众流行的想法，也不会因为某件事情受欢迎而跟风做其他人都想做的事情。财富创造者更喜欢进一步深挖并得出自己的结论。

并不是所有人都想进行这种研究和自我求索，也不是每个人都需要这样，才能变得财务独立。虽然独立思考、搜集信息、提出问题对我来说很重要，但就算你没有深入研究那些深奥的历史模式和当前趋势，也能通过本书轻而易举地掌握债务、收入和资产这三大支柱，学到实现财富自由所需的一切知识。不过，假如你想保管好辛辛苦苦挣来的钱，那么，理解人性至关重要。

定义对你自己而言的"真正的财富"

我们通常以为，金钱和财富是同一回事，但其实不然。让我们再仔细思索一番。

一方面，定义金钱的方法有许多种。我们将金钱定义为一种交换媒介或者一种价值储存手段。我们通常将金钱想象为纸币，无论它是在我们手中还是在银行里。

另一方面，财富的意义常常被人们忽视，没有被深入地考虑。我们往往简单地只从物质财富的角度来思考财富问题。这其实是非常表象的，缺少灵魂。

如果你想创造财富，实现财富安全，你必须要想清楚，财富对你来说意味着什么。

想一想：财富对我们来说意味着什么？我们怎样定义真正的财富？我们在什么样的背景下考虑财富？我们获得财富后就一定能生活幸福吗？

我对财富问题已经思考了很长一段时间，我列出了自己认为的"真正的财富"的定义。你也可以从自身出发，想想你认为的"真正的财富"应该包含什么。

每个人对"真正的财富"理解都会不同，但对于我自己来说，"真正的财富"包含以下 8 个方面。

方面１：精神

就我而言，这是指我的精神生活的质量和成果：我内心的平静和满足的程度，我如何对待他人，从谁那里以及从哪里获得我的核心身份感和认同感。

你可以用别的方式来定义精神，我们有权利定义我们自己的东西。对我而言，说到定义真正的财富，精神需求是摆在第一位的。

方面２：健康

假如有人身体不健康，即使有再多的财富，他也无法享受这些财富。

方面３：家庭和人际关系

我相信，每个人都会接受这样的观点：家庭和人际关系是真正的财富的一部分。

当人们处在弥留之际，通常不会说"我希望能赚更多钱"，相反，他们常常会说"希望与自己爱的人多待些时候"。

第三方面和第二方面是相互关联的。你也许会争辩说，家庭和人际关系比健康更重要，但我不这么认为。如果某个人没有健康的体魄，没有良好的心理健康，那就无法与他人建立健康的人际关系。许多人的人际关系之所以不正常，是因为某个人正处于某种情绪失衡的局面。其根本原因常常可以追溯到那些未能抚平的心理创伤和精神问题。

方面4：个人自由

这也是真正的财富的一部分。如果我们没有自由去冒险（比如不能自由地创业），就不能为我们自己及他人创造就业机会。

我们每个人都应当保持警觉，因为**自由会直接影响我们创造与体验真正的财富的能力**。

方面5：财务独立和其他资源

财务独立意味着我们不必再一心想着赚钱以应付日常开销。正如我在前文中提到过的那样，我的第一位财富导师达米安曾经教导我"创造财富的关键是让金钱为我们工作，而不是我们为金钱工作"。这是本书财富自由系统中的一个最基础的表述，而我将在此基础上构筑我们的"财富大厦"。

财务独立使你能够专注于人生中的更大目标，也能让你以最有意义的方式回报他人。由于我和妻子已经拥有了一些资产，我们现在能够做到，即使妻子或者我不工作，我们的积蓄也能满足家庭的基本需求。

财务独立，还使我们能够追求更宏大的目标。现在，我已经

处在财富创造者的象限之中，乐享财富自由系统构建的生活方式，在生活中充满自由、冒险、安全感和成就感。

财务独立以及其他资源（比如良好的人际关系），都对我们的自由有着直接的影响。如今，人们不再需要为了完成工作，而居住在某个固定的地方。在世界的任何一个角落，只要掌握了正确的技能，我们都可以赚钱。

对我而言，自由和成就感比单纯积累金钱更为重要。金钱不能保证我幸福。我将精神健康、人际关系放在金钱之前。如果人们按轻重缓急，相应地投入时间，既能获得金钱资源，也能获得精神上的平和与力量。

方面6：家族办公室

这可以让生活更加有意义和成就感。一旦我们照顾好了自己的需求，就能自由地着重关注我们的家庭财富，以及让后代们继承我们的东西。

这不仅包括物质财富，还包括分享我们在人生中学到的知识、经验、智慧、价值观以及专业技能等。

方面7：有意义的成就、目标和愿景

对我来说，真正的财富包括一种发现感、成就感和实现我的人生目标与愿景的期望。如果我拥有世界上所有的物质商品，但缺乏人生的目标感和有意义的愿景，我就会变成富裕的可怜虫，那真是糟透了。

方面 8：知足常乐

我们可能赚到数百万美元，实现各种人生目标，无论是个人目标还是财务目标，但我们从来不会觉得自己拥有的已经足够。特别是在西方社会的价值观里，我们总是不断地想要更多的东西，永不满足。

而知足常乐是通向自由的门槛，它揭示了一个隐秘的事实，那就是：更大不一定更好，有时候，也许更少反而更好。满足来自拥有，或者更准确地说，来自真正的财富。真正的财富源于内心，是精神的富足。它是一种内在的财富，指引我们遵照爱和充实的内心来生活。

如何把握世界经济趋势，抓住赚钱的风口？

我们既要关注长期的经济趋势，又要关注短期的经济趋势，并且知晓当前塑造我们文化的各种趋势，了解这些趋势形成的根本原因。

跟紧技术创新和产业颠覆带来的变化

当前的一种重要趋势是科学技术真真切切地对世间万事万物产生着影响。科学技术已经渗透到商业和经济的各个角落，是一个力量倍增器。科学技术好比一根杠杆：新技术的投入，产生了数倍之大的产出。换句话讲，由于技术创新和产业颠覆，我们的世界正在发生迅速而急剧的变化。

近年来，发生在油气行业的事情就是一个很好的例子。和其他商品行业一样，油气行业也经历着繁荣和萧条的周期。取决于供需关系，它们的价格有涨有跌。

水力压裂法和水平钻探法都是相当新的技术，它们对本行业产生了巨大的影响，新技术带来了新效能，导致天然气和石油的供应量出现爆炸式增长。

2015 年，石油输出国组织在降低天然气价格时表示，将停止对供应量的限制。同时石油输出国组织也将继续出口石油，这就造成了石油供应增加、油价下跌的短期趋势。尽管石油输出国组织的决定是一个重要的触发因素，但真正导致大规模供过于求和产能过剩的，是科学技术创新，比如水力压裂法和水平钻探技术应用多年后的潜在影响。

科学技术正在对生物医药、数据存储和检索以及数百个其他行业产生巨大影响。举一个小小的例子，如今，甚至一个手机端移动应用软件也能提供认证服务，这样你就不必再去跑银行对文件进行认证。这是一种颠覆性技术或创造性破坏的现象。一方面，科学技术的发展可能使得某个工作岗位消失，而另一方面，它赋予人们更大的创造力。技术创新带来了许多有益的改变，但同时也打破了现状。

我们许多人过去常常认为，科学技术只对一些事情产生影响，但现在我们知道，它对经济的影响比我们预期的要广泛得多，而且导致许许多多的工作岗位消失了，其数目远比我们以前想象的多。从现在开始往后的 20 年，我们看到的世界将变得更加不同，这一点毋庸置疑。

无论是扩大政府规模，还是发展人工智能和机器人技术，我称之为"机器的崛起"，其中许多趋势并不会消失，尽管我们很难确切知道它们今后会怎样发展。重要的是密切追踪当前趋势的发展轨迹，同时确定它们会不会重复过去的模式，一旦抓住了风口，赚钱就是顺势而为。

关注历史模式和周期，更好地定位自己

通过研究历史能发现一些不断重复的模式和周期。知晓历史模式，有助于你管理你的资源，调整你对政治以及政府的看法。

50 多年前，美国是世界上最大的债权国，如今成了世界上最

大的债务国。仅仅50多年，美国的经济模式就从以生产为基础转变成了以债务和消费为基础。

2008年引发全球金融危机的根本性问题今天仍然存在。美国用更多的债务来解决欠债过多的问题，还记得为应付金融危机，美国制定"（某金融机构）太大，不能让它倒闭"的救助基金、货币宽松等政策吗？这使得根本性的问题被扩大化和长期化。

从经济结构上看，美国没有解决更深层次的问题。历史证明，不断增加的债务是不可持续的，扩大货币供应并不是什么新鲜事。在整个人类历史上，这种事情曾经发生过，并且总是以同样的方式结束。美国对以债务驱动经济增长的过度依赖，只会使美国的社会在这个大转型和不稳定的时期更加脆弱。

美国已经跨越了工业时代，闪电般地穿越了信息时代，如今正在加速进入机器时代。从人类历史发展的角度来讲，美国正处于未知的领地之中，但在重复着与其历史时期相似的模式。事实上，太阳底下并无新鲜事。

民主制度经历解放、自由和自力更生的周期，随后是冷漠和依赖的周期。久而久之，随着人民被赋予越来越多的权利，公共财政开始破产。在整个人类历史上，类似的情形以各种不同方式发生。民主制度的周期就这样不断地循环往复。

如果你想搞清楚当今的世界正在发生什么，那就应该做历史的学生，学会关注趋势与历史模式。接下来，你就会明白我们如今所处的位置，学会在混乱中更好地定位自己，以求得生存和发展，而不是寄希望等别人来解决你的问题。

我不是历史学家，但我总是喜欢提关于历史的问题。我相信，当我们提出了正确的问题后，也就得到了正确的答案。

成功地管理金钱，源于对自己的决定和行动负起责任

财富自由系统的一个关键是理解什么促进我们做出行动。我们在精神上、心理上和情感上的优势和劣势分别是什么？我们对金钱和财富的看法是什么？这些看法源于何处？我们对自己了解得越多，我们构筑的"财富大厦"就会越牢固。

我们认为自己可以合理地决策，但事实上很少能做到。我们也许能坐下来制订一套计划，并且执行一段时间，但当某些事情影响到我们的情绪时，我们就会把计划放在一边，仅凭感觉行事。

比如我们对股票市场的反应。我写这本书的时候，美国人正处在历史上最漫长的股票牛市时期。但这次牛市也被称为最令人讨厌的牛市，因为很多人经过最近两次的股票市场调整，一次是2000 年的互联网泡沫破裂，另一次是 2008 年的全球金融危机，已经输得精光。

他们中许多人都在观望，却错过了这个股市繁荣周期。一般来讲，股票牛市的结束方式是，在最后时刻，大众想着自己可以轻松赚钱，因而兴奋地跳进去，结果，他们没有享受到股市上涨的红利，而是最终再度随着市场下跌而亏损，因为他们没有制订策略和退出计划。

我们在认知上都知道，在股市中应当低位买进，高位卖出，但从统计数据上看，大多数人并不是这样做的。相反，我们都有从众心理，我们深受朋友和同伴的影响，最终在错误的时间买进或卖出股票。我们之所以这么做，是因为没有制订策略和退出计划。我们不是在投资，而是在赌博。"买入和持有"变成了"买入和破产"。我们在高位买进，低位卖出，然后反反复复地这样折腾，直到自己破产。

为什么？人性使然。作为一名企业家和营销人员，我很早就了解到，很多人仅仅根据情绪来购买股票，然后再去找事实来作为他们的购买理由。其实，我们都可能是情绪化地买入或卖出。

我们的心态还会以其他方式影响我们自身获取财富的能力。记住这个事实和财富自由系统法则：自己的事情需要自己去做，别人无法替代你。没有人会真正为你的金钱负责，你会比基金经理或专业投资者更加关注你的钱。他们也许比你知识更广博、经验更丰富，但不会太在乎你赢利或亏损。

有多少人花时间和精力实实在在地自学，以便成功地管理自己的金钱？我们更愿意听从别人告诉我们要怎么做，不愿意对自己的决定和行动负起责任，我可以直接告诉你，当涉及金钱、财务和财富创造时，这是十分危险的。

财富自由系统鼓励你为自己着想。首先你得愿意提问题，不要像学校教的那样坐下来纸上谈兵，也不要由于自己提了某个愚蠢的问题而感到自己很可笑。

我们都习惯于顺从和消费，但要成功地创造财富，就得反其道而行之。

从自我发现之旅开始，并研究那些驱使你做出决定的影响和信念。你有没有听过或相信过下面这些常见的关于成功的格言？

» 在你做到之前，先假装做到吧

» 不要表现出你的脆弱

» 展示你的成功

» 只要成功一次，受益终身

» 为了成功，不惧牺牲

» 无论发生什么，永不言弃

类似上面这样的格言，可能在你的心里深深地扎根了，甚至

比你意识到的更深。如果在错误的时间和地点运用它们，并且没有理智地运用它们，就会对你的财富积累产生毁灭性的打击。

财富自由系统的 3 大目标，与个人自由紧密相连

财富自由系统教大家实现财富独立，他包含一个坚实的基石，以债务、收入和资产作为三大支柱，再构建我们的家族办公室。他是一种生活方式，不只是银行的存款或者物质财富。

你能实现财务独立的原因是什么？我发现，财富自由系统的目标与个人的自由紧密相连，而我认为，个人自由是寻求财务独立的首要原因。个人自由包括我们能够做到下面这些：

» 来去自由

» 和我们喜欢的人共度时光

» 从事我们喜欢的、让我们产生成就感的、使我们有所贡献的、为我们的生活赋予意义的工作

» 回报他人，无论是回报家庭、社会，还是那些对我们来说重要的人

个人自由指的是行动自由和旅行自由。我通过访问 40 多个

国家和地区，和人们见面交谈，学习各地文化，探索构成经济基础的不同历史和价值体系等，收获了令人难以置信的信息。从而为财富自由系统的运行找到了最简单也最合理的逻辑。

个人自由也包括思想自由以及言论自由，不需要害怕被报复。它包括与价值观相同的人交往的自由，以及自我教育的自由。隐私是一种自由，遗憾的是，这种自由如今正以令人震惊的速度遭到侵蚀。个人自由还包括自主地提出反对、能够不满意现状、不被他人强迫做我们不认同的事情。拥有了财务独立，我们便能够乐享所有这些自由。除了实现真正的自由，财富自由系统还有 3个目标。

目标 1：被动收入多元化

能够获取被动收入，意味着你不必为了谋生而受地域的限制。如果你的金钱为你工作，那么你可以居住在世界上的任何地方。高科技和通信技术的飞速发展，使远程办公成了现实。如果你想带上你的家人到某个国家或地区生活，你就可以这么做。同样，投资者也可以在地理上和政治上探索实现资产多元化。如今，我们拥有无数的机会投资外国市场，我们可以通过互联网应用软件在世界上的任何地方来管理投资组合。你再也不必将自己的投资局限在你居住的地方了。

目标 2：适用任何人

正如你将了解到的那样，财富自由系统对所有人都管用，包括那些勤奋工作的普通人。他不是一个只适用高收入者的系统。他是一种方法、一种心态，任何人都可以采用，以改善自己的生活，实现财务独立，制造一台创造财富的机器。

财富自由系统并不取决于你多么有钱。相反，他提供了一个系统，使你成为一个好管家，管理你拥有的任何数量的钱财，并且学会如何让财富增长和产生复利。他基于一些提供了人们可以执行的各种方法与规则的可靠原则。他是广泛适用的，不受社会经济制度和教育差异的制约。

目标 3：无副作用

财富自由系统不是一个以牺牲他人为代价而获得财富的系统，使用这个系统，不会破坏地球上的共享自然资源，也不会给他人带来伤害。

14 个特征造就独一无二的财富自由系统

财富自由系统的许多独有的特征，使之成为一个用于创造财富和实现财务独立的独一无二的系统。

特征 1：防御性思维

防御性思维促使人们提问。"如果我的投资最终失败了，会怎样？""如果失败了，我感觉如何？""我信任谁？""如果事情不是我们想的那样，怎么办？""如果我错了，怎么办？"这些都是典型的防御性问题。

特征 2：战略性

这与战术性是相对的。战术性的思维充分利用此刻出现的机会：这听起来是个好主意，何不一试？战术有它们短暂的作用，但更重要的理解是，机会怎样与更宏伟的长期战略相一致。战略性意味着制订一个宏观的游戏计划或规则，然后据此行事，以便战胜市场。

特征 3：耐心

我们可能难以保持耐心，因为耐心常常与我们中的某些人天性相悖，但耐心十分有助于我们做出优秀的决策。

特征 4：韧性

韧性意味着坚持某项策略。当然，我们有时也会犯错，失败随时可能会发生，但当我们真的失败时，我们也要确保自己从失

败过程中学到有价值的东西。**我们可以从每一次错误和失败中获得最大的教育价值。**没有人能够一生都不犯错，但我们每个人都可以掌控我们对待错误的态度以及回应错误的方式。

特征 5：完整体系，有战略方法

　　我们着眼于遵循一种宏观策略，并且逐步向前推进。

特征 6：在任何情况下，都可自动运行

　　不论在什么地方，只要有可能，我们就会想方设法使不可人为变更的系统、资金管理原则以及投资策略自动运行，因为我们珍视生活中的简单。

　　和金钱相比，我们更追求简单，不想成为金钱的奴隶。相反，我们想让金钱为我们所用，以便我们可以利用技术和其他机制实现流程的自动化。不可人为变更，意味着它不受某人的意志、判断或偏好的影响。一旦我们已经确立规则，就要坚持遵守。

特征 7：积聚动力

　　这里的动力既包括心理的动力，又包括财务上的动力。

　　当我们看到自己取得了进步时，我们备受鼓舞，各种事物仿佛也开始有了它们自己的生命，开始自动运转起来。

特征 8： 多元化

我们努力确保投资多元化。我们绝不希望因为某个单一的事件或错误而使自己面临灾难性的损失。无论是在资产负债表和资产基础上，还是在股票、债券、房地产或其他资产组合上，我们都非常小心，以免自己遭受灾难性的亏损。

特征 9： 着重于分配

我们关注资产的分配，特别是具有资产特征的财富配置。

特征 10： 流动性

搞懂流动资产与非流动资产之间的区别，我们不想在下一次市场崩盘时陷入"缺现金"的境地，或者陷入"流动性紧缩"的窘境。

特征 11： 珍视适应性

我们根据市场状况、环境和当前趋势调整我们的思路和投资策略。我们喜欢被动收入。如果我们搬到别的地方，被动收入会怎样影响我们的财富战略和我们管理基础资产的能力？

我们喜欢实实在在的东西，不想忽视硬资产的价值，因为所有的财富最终都来自大地。硬资产包括银、金、铂等贵金属和天然气、石油、高产耕地或其他具有内在价值的硬资产。

特征 12： 经过时间考验

我们观察较长的时间跨度、历史周期和模式，以了解什么经受住了时间的考验。我们更喜欢常青的战略、可持续性和永恒原则，但当机会出现时，我们也会抓住优质的短期投机机会。

特征 13： 倾向于生产而不是消费

创造价值的核心是生产大于消费。

我们十分喜欢现金流资产。我们明确区分投资和投机，向你介绍要遵循的简单规则和分配方法，以便创造和复合增长资产，让你年复一年变得更加富有，而不是更加贫穷。

特征 14： 无政治派别

我们不把希望寄托在任何一个政治派别上。为了我们自己和我们的家庭，我们不应把自己的财务押宝在不确定的政治上。我们也承认，政治趋势对我们努力创造财富并实现财富自由有着不容忽视的影响。

第 3 章

财富大厦支柱一：
解决债务

调整心态，管理消费，从根源上解决债务的问题

埃斯瓦尔·S. 普拉萨德
（Eswar S.Prasad）

畅销书《美元陷阱》作者

TRUE WEALTH FORMULA

长期以来，美国一直在寅吃卯粮，其消费和投资远远超过产出。美国从来不用担心向其他国家借不到钱，美元的王者地位令其永远都能以最便宜的利率卖出自己的债券。只要多印钞票，这种债务按通胀调整后的实际价值就会下降。

在我们开始讨论"如何让钱为我们工作，而不是我们为钱工作"这个问题之前，我们有一些问题需要解决。

财富创造者的一个重要特征是，他是经济的生产者，而不是消费者。正因为如此，在财富自由系统的三大支柱中，首先要熟练掌握债务支柱。我们也从这里开始学习对被托付的小事忠诚以待的人，他们会被赋予处理大事情的权力。

很多人认为，只要能够赚更多钱，他们的财务问题就会得到解决。他们认为，假如他们无法及时付清账单或者不喜欢他们目前的生活方式，增加收入是最好的、唯一的解决办法。这是大众的一种流行心态，也是一个社会的通病，导致太多的人在生活中只着重关注如何赚更多钱。

这种心态导致人们想方设法在工作中表现得更好，寻找高薪

工作，创办新企业，或者回到学校继续深造。如果你做这些，你的收入可能会增长，但你会出现那些让你陷入债务泥潭的行为：一旦手头有更多钱，就开始花更多钱。

你必须直面问题的根源，从你的信念和心态入手。我们的核心行为是由潜意识的想法和动机驱动的。如果我们收入增加，应当就能花更多钱，这是合乎常理的。我们可以搬到更好的社区、享受更奢华的假期、在更高档的餐厅吃饭、穿名牌衣服，或者加入某个更著名的俱乐部。这种想法延续了过度消费和入不敷出的行为习惯。如果坚持上述想法，赚更多的钱就意味着欠下更多的债务，几乎无一例外。

如果你的目标是创造真正的财富，实现财务独立，以便你拥有自由、安全感和成就感，过上财富创造者的生活，那么你必须从根源上解决债务的问题：调整心态，运行一个行之有效的系统来管理你的钱。

你应该成为生产者与管理者，而不是成为消费的奴隶

全球经济是一种债务驱动型经济。我之前提过，50 多年前，美国是世界上最大的债权国，而今成了世界上最大的债务国。1971 年，美元脱离金本位，此时，美元对经济发展和增长的制

约与平衡被消除了。这就导致了美国如今的局面，为了保持经济持续正增长，必须持续增加债务。这是不可持续的，而且最终不会有好结果。当你持续沉溺于消费主义的时候，那些银行、公司和政府等已经锁定利益，因为它们是借出贷款的主要机构。

不幸的是，这要怪我们自身的天性以及我们缺乏耐心：当我有能力用信用卡支付时，为什么要等到存够钱才买下我想要的东西呢？为什么要推迟满足呢？既然我现在可以得到我想要的东西，为什么还要存钱呢？那生活真是毫无乐趣！

在我们十分年轻的时候，这种心态就开始在我们内心扎根了。我们被设定为消费者，也习惯了这个角色，然后负债累累。我们从小就知道要上学，然后长大找一份工作。我们上大学是为了获得良好的教育，对大多数人来说，这需要借债，这时，我们就会办理第一张信用卡。当我们大学毕业的时候，要偿还的贷款数额都相当于抵押贷款的数额了，但我们并没有房子作为抵押物。我们选择的行业或领域之中没有我们的工作岗位，我们也没有真正的资产来支持基于债务的教育。

各公司耗费数十亿美元做广告，目的就是让你对那些公司的产品心动。媒体不断助长我们这样的信念：我们需要购买一些东西来获得成就感，使得自我感觉良好，或者填补生活中的空白。我们无时无刻不被各种各样的商业信息轰炸，美国政府甚至在经

济萧条期宣扬，消费是爱国主义的表现——尽你所能去购物吧！

这些现象没什么新鲜的。美国正在经历一个历史上反复出现的经济循环，货币膨胀并最终贬值。低利率和由债务驱动的过度消费加速了这一进程。社会变得越繁荣，人们就越放纵，也变得越来越懒惰。我们都长胖了，变得养尊处优，再也吃不了苦，而且我们为自己吃不了苦而大找借口。

在像美国这样基于债务的经济中，为了实现经济扩张和正增长，还必须继续增加债务。改变这种局面的途径有以下两种：要么推动经济发展的因素发生根本性的改变；要么国民经济或政府达到无法继续偿还不断增加的债务的程度。

无论经济如何发展，你能做的最好的事情是担负个人的责任，不再成为债务和消费的受害者。无论是在当今的经济形势下，还是在经济周期的任何阶段之中，本书将提供给你控制支出和实现财富自由所需的所有工具和知识。但你必须认真对待，不再为你的债务和财务状况找借口。有句古老的谚语说：欠债人是出借人的奴隶。换句话讲，债务是一种苦役。你也许没听过这句话，但它千真万确。你生来不是要做奴隶。你应该成为一个明智的管家和管理者，接管你的领地和资源。

世界正在快速改变。正如我之前所说，我们完全步入了信息化时代，已经进入了人工智能（AI）和机器人技术（Robotics）

的机器时代。人们几十年来依赖的经济模式正在衰退，而且再也不会回去了。全民收入或福利也解决不了出现的问题，因为它会带来一大堆更深层次的问题。去中心化的加密货币是有前途的，也是颠覆性的，但仍然是处于起步阶段和未经实践的技术。如果我们想要实现财务独立，过上财富创造者的生活，那就需要在我们当前的这个历史时刻对金钱采取新思维，并且培养新习惯。

负债已经成为一种美国社会上可接受的生活习惯和方式。许多人在他们还没有收入支撑的时候就欠下了债务。更糟糕的是，人们并没有理解不良债务与良好债务之间的区别。这正是财富自由系统首先从债务支柱开始的原因，他向你展示了如何从负复利的牢笼中解放出来，这是偿还债务的基础，并将其转化为创造财富的机器。

将彻底改变你的金钱观和理财方式的"金钱属性图"

现在，在我继续阐述债务支柱和成为金钱的主人之前，我想向你介绍财富自由系统中一个简单而又强大得不可思议的概念：金钱属性图。如果你记住了我将向你展示的金钱属性图（见图3.1），它将永远地改变你看待、支出和投资金钱的方式，并改变你对这个世界的看法。

消费者债务 （Consumer Debt，CD） 纯消费	会贬值的资产 （Depreciating Asset，DA） 购买的物品
能升值的资产 （Appreciating Asset，AA） 投机性资产	现金流资产 （Cash-Flow Asset，CFA） 产生正现金流

图 3.1　金钱属性图：四类债务或资产

在资产负债表上，有四种类型的债务和资产。资产负债表是列举你的资产和债务的列表。两者的价值之差，就是你的净值。如果你的资产多于债务，你的净值就是正值；如果你的债务多于资产，你的净值就是负值。

无论人们是否意识到，每个人都有自己的资产负债表，而且都是独一无二的。我将更多地探讨资产负债表和它将怎样影响财富的创造和财富自由的实现。

消费者债务

金钱属性图的左上角是消费者债务，这是类似信用卡消费带来的债务。资产负债表上没有资产可以抵销债务，因为钱已经花出去或消耗掉，无论是花在食物、医疗账单还是旅行上。此外，你每月偿还的信用卡贷款，包含你消费金额平均 17%~22% 甚至更高的复合利息。消费者债务是债务中最差的一种。

会贬值的资产

　　金钱属性图的右上角是会贬值的资产。对中等收入者来说，它们是最常见的债务。会贬值的资产是人们购买的物品，尽管人们以为它们是资产，但实际上是债务。人们一般通过使用信用卡来购买会贬值的资产，包括家具、游艇、汽车，甚至房子。人们喜欢把买房子想象成一笔价值投资，因为它可能升值，但只有当房地产市场上涨时，人们才能在房子这种资产上积累财富。与此同时，建造房子的原始材料已经逐渐贬值和损坏。这就是为什么美国国家税务局（IRS）允许你在纳税申报表上为拥有一所房子或专门出租的商业房产进行折旧扣减。

　　从你把一辆新车开出 4S 店的停车场起，你就开始亏钱。汽车在购买后的头 3 年里贬值率最高。正因为如此，建议入不敷出的你不要买新车，暂时买 3 年以上的二手车，这才是省钱的做法。如此一来，你就将贬值系数最小化了。

　　如果你在创造财富这件事情上是认真的，那么，你可能做的

一件最不好的事情是贷款买车。为什么每天都有人贷款买车呢？因为汽车使人感觉很好。广告在说服我们购买新车和提前消费，并且背负一身的债务。我们感受到了同伴的炫耀，想追上他们的步伐。我们想要展示出色的外在形象，需要一辆好车的强化来使我们自我感觉良好。所有这些，都可以解释我们为什么负债买新车。但如果你确实需要一辆车，全款买下；如果你有可支配的足额现金买一艘游艇，就别去贷款。

每个人在自己的资产负债表上都有一定数量的会贬值资产。你必须记住的是，永远不要为购买一件会贬值的资产而负债。创造财富的关键之一是从资产负债表上消除贬值资产的债务。

能升值的资产

金钱属性图的左下角是能升值的资产，这些资产具有随着时间的流逝而升值的潜力。

有时，土地是能升值的资产。随着土地市场周期的变化，土地的价值可能上升或下降。艺术品、稀有钱币，以及其他的收藏品，有时也可以被认为是能升值的资产。如果你买得明智的话，高质量的艺术品往往会随着时间的流逝而升值。收购企业而进行的融资，也可能是一项能升值的资产。创业也可能是一项能升值的资产，但前提是要等到企业建立起来并持续产生正现金流。

关键是要记住，能升值的资产任何时候都不应是通过举债而获得的资产，它们是投机的资产。它们令人兴奋，但你对它们的价值是否增加完全没有控制权。这意味着，你必须在恰当的时候购买能升值的资产，但能够持续做到这一点的人，可谓凤毛麟角。和会贬值的资产一样，能升值的资产几乎总会产生负的现金流，这一点我后面会解释。

现金流资产

金钱属性图的右下角是现金流资产。

如果存在所谓的"良好债务"的话，那么，现金流资产就属此类。 有钱人就是用现金流资产来增加财富的，尽管他们这么做是出于保守和战略的考虑。他们从不使用高于基础资产价值的杠杆，并且确保资产的现金流为正。

现金流资产的一个绝佳例子就是房屋出租。我的一个儿子拥有一处出租房产，他用手头积蓄作为该房产的首付款，然后筹措资金解决购房余款。现在，这处房产每月产生的正现金流为417美元。出租房屋使他赚的钱超过了他所有支出（包括抵押贷款、利息和保险费）的总和。

如果我的儿子决定不出租房屋，而是自己住进去，严格来讲，这处房产就不再是现金流资产了，它变成了会贬值的资产。只有

当它卖出时产生了利润，并且在支付所有费用后实现资产增值，它才实现了升值。

正现金流资产的其他例子包括派息股票、市政债券，以及由第一份信托契约或已建立的企业担保的私人债券或贷款，只要企业在支付工资等所有开销后持续赢利。像有钱人那样明智地使用现金流资产，它就能为你增加财富，并且通过正现金流和上升的价值来巩固和加强你的资产基础。

如何将负债变成投资？

我最好的朋友克里斯来自夏威夷，他的爸爸总是在车道上放一辆旧的"老爷车"。

那辆车开了好儿年，钥匙总是插在点火开关上。他们所有的邻居和朋友都知道，如果他们某天需要用车，必须提前带一升汽油回来，才可以正常用那辆车，因为车子总是漏油。

有一天，我看到克里斯的爸爸，于是问他："叔叔，你很有钱，为什么不买辆新车呢？"他回答："我把原本打算用来买新车的钱全部存到我的退休账户里了。"

我觉得他很精明。我对自己说，这就是把负债变成投资的方法之一。我从来没有忘记这个原则，它是财富自由系统的核心思想和策略。

在我们这次交谈后，克里斯的爸爸以及其他许多朋友还在继续开那辆车。事实上，我妻子达妮和我在蜜月期间也借用过那辆车，就是为了省钱！

能升值的资产极有可能产生负现金流

总之，在上述四种金钱属性图中，有三种类型是不良的资产或债务，是财富的杀手。金钱属性图中前两类债务或资产，即消费者债务和会贬值的资产，是人们尽量避免进入的禁区。

对待能升值的资产则需要极其小心。对大多数人来说，投资这类资产最终不过是一种投机行为，不过，许多投资者最终会把债务当作投机的杠杆。股市和房地产市场证明了这一点。当市场上涨时，人们贷款来购买股票或房产（或者进行保证金交易），相信自己会搭上顺风车，赚大钱。接下来，他们可能申请第二笔抵押贷款，或者获得一笔超过他们房子价值的贷款，计划自己将在一年内卖掉这些投机性的资产并从中获利。他们为过高的贷款与市场价值比率辩护，坚信自己将在上涨的市场中赚到一大笔钱。对大多数人来说，这些有升值潜力的资产、投机性的债务泡沫活动，只不过是一种赌博。

你也许在第一套、第二套或第三套房产上都成功获得能升值的资产。但问题是从成功开始，不一定能成功结束。当你取得成

功时，你便开始提高杠杆率，在一个上涨的市场中，每个人都会这么做，因为期待赚更多钱是十分自然的。随着杠杆率的提升和债务的不断增加，你可能陷入了市场周期下跌的那一边，突然间，只要一出现亏损，一切都像多米诺骨牌一样纷纷倒塌。

人们就是以这样交易的方式亏掉他们账户里的钱或者使他们的资产负债表崩溃。他们杠杆率过高，没有察觉当时的不利局面，也没能采用一个系统来预测和管理市场动荡时的风险。财富自由系统会为你提供一个系统和一些投资规则，这样你能从容不迫地处理这种情况。

我认识一对夫妇，他们已经在房地产市场中赚了几百万美元，只因为把所有的资产都押到一个承诺"不会输"的投机开发项目，后来资产全部输掉了。他们押注"不会输"项目之后，市场开始反转，接下来下跌并崩溃。他们所有的钱都被捆绑在一个非流动性的投机项目上，最终失败了，他们彻底输掉了家当。当你有这样的经历时，会影响你的心情，扰乱你的思绪。同样，这对夫妻一度一蹶不振。

除非你是一位专业的投资者，创下了长期的成功纪录，否则，在处理能升值的资产的债务时，你一定要极为小心。在土地投资、大宗商品市场、房地产市场、股票市场或者交易其他类型的能升值的资产的市场中，绝大多数人并不具备专业技能和不懂内部行情，最好要格外小心。我在后文解释财富自由系统资金管理和投资比例的时候会再讨论这一点。

这类投资活动另一个被人们忽视的后果是，它们几乎总是在你的资产负债表上产生负现金流的资产。用于维持这些资产相关的费用，将侵蚀你的底线利润，使你逐年变得越来越贫穷，而不是越来越富有。

有钱人的管钱方法和你不一样

现在，我开始向你们揭示一个关于有钱人和超级富豪如何管理资金的方法。它十分简单，但极其强大。

当你了解并掌握这一方法时，绝不会再想着运用那些乏味的、无效的、传统的预算方法。

在财富自由系统的资金管理系统中，我们使用有钱人管理资金的方法，而不使用大多数会计师和财务顾问传授的传统预算方法，原因很简单：它们不实用。

它们不实用的原因在于人性。大多数人实际上不会持之以恒地遵守传统的预算方法。记住，你的潜意识真的好比一只 800 磅[①]重的大猩猩。你打不过这只大猩猩，为什么要去和它战斗呢？也

---

① 1 磅 ≈ 0.45 千克。——编者注

许只有 1%~2% 的人能够遵守传统的预算。许多人制订预算，却不遵守，因为他们没有一个简单的、自动的系统来维持预算，或者发生了情绪化的事情打乱计划，这样一来，非理性的头脑就会接管一切，做它想做的事情——消费。

一直以来，财务专家向你传授的预算和资金管理的方法往往是错的。**有钱人管理财富的时候不会考虑金钱数额**，他们重点关注资金比例。在财富自由系统中，我们按有钱人的做法来行事。我们使用基于比例的系统来管理财富和分配投资资金。

帕金森定律：金钱总在寻找它要去的地方

帕金森定律（Parkinson's Law）指出，工作会自动地膨胀占满所有计划内的时间。换句话讲，人们会将分配给某一任务的全部时间都用完，不论他们原本预留多少时间。

例如，我必须为院子里的草坪割草，计划下个周末才去割，那么，在下个周末到来之前，我是不会去碰割草机的，我会一直等到下个星期六或星期日到来才去割草。不过，假如我想在现在开始的 30 分钟内把草坪修剪好，我就会在短时间内找到最快、最有效的方法。

很多人认为，帕金森定律只适用于生产和时间管理的领域，但它同样适用于资金管理和财富创造。

记住这条财富自由系统法则：金钱总在寻找它要去的地方。

如果我们想成为金钱的主人，想让金钱为我们工作，而不是我们为它工作，那就必须告诉金钱，它的目的是什么，它存在的理由是什么。我通过财富自由系统来做到这一点，接下来，我将向你展示。

明确"金钱的目的和存在的理由"是最关键的第一步

在财富自由系统中，我们为金钱建立不可人为变更的、基于规则的系统，对抗社会对我们循序渐进的引诱以及我们之前养成的消费习惯。

我们实行默认的金钱分配方式，这些方式推动我们去创造财富和争取财务自由。

我们建立的资金管理和投资系统是理性的，绝不依赖于我们的情绪或感受。情绪化决策往往会让我们冲动行事，带来不太好的结果。

我们的不可人为变更的、基于规则的过滤机制和系统，为我们的金钱赋予了一个目的和存在的理由。它告诉金钱去哪里、做什么，并且最终与我们潜意识里那只 800 磅重的大猩猩搏斗。这是财富自由系统的一条根本原则，而且，它是让金钱为我们工作的第一步。

财富自由系统原则 1：10%-10%-10%-70%

那么，我们怎样执行这个系统？我们对自己赚来的每一分钱都运用 10%-10%-10%-70% 的规则，无论这些钱是来自支票账户、礼物、奖金，或是其他的意外之财。我们存下的每一分钱，都遵守这一规则。

这是财富自由系统的原则 1，后面我还将在第 5 章介绍财富自由系统的原则 2 和原则 3。

10%-10%-10%-70% 的规则是我们严格管理自己劳动收入——我们努力工作挣来的钱的方法。

它是这样运行的：

» 第 1 个 10% 捐给慈善组织

» 第 2 个 10% 放进财富账户

» 第 3 个 10% 是偿还债务的"债务加速器"

» 最后的 70% 进入支付账户，用于我们日常生活的开销

在财富自由系统中，我们使用这个简单但强大的公式来克服实现财富自由的最大障碍，那就是我们的天性和我们自然而然会产生的各种情绪。

第 1 个 10% 捐给慈善组织

为什么财富自由系统首先将我们收入的第一个 10% 用于捐款呢？答案是由于一条普遍的精神原则。

根据该原则，如果我们做一名捐款者，将能够赚到更多的钱。另一种说法是"种瓜得瓜，种豆得豆"。做一名捐款者，意味着你相信生活的美好，也想让其他人好，即使你现在拥有的东西很少。捐款会激活自然法则：对被托付的小事忠诚以待的人，会被赋予处理大事情的权力。

一旦你意识到你已经拥有了自己需要的一切，并且满怀感恩之心，那么你会发现自己还有很多选择。你将开始调整自己的生活方式，比如节衣缩食。而首先，也是最重要的，你要成为一名捐款者。

学会奉献，是对现有生活最好的感恩。感恩现在拥有的一切，会更加热爱生活。这条精神原则与自然法则是紧密相连的。除了遵守商业、金融和财富方面的成功法则，捐款是让你避免成为富裕的可怜虫的关键之一。

财富自由系统没有规定向哪个组织捐款，因为那完全是个人的选择，但他确实建议你根据自己的热情来捐款。我和妻子达妮已向孤儿院、受虐待的单亲妈妈和真正需要帮助的孩子们捐款数百万美元。我们喜欢以帮助人们自强的方式捐款，不喜欢简单的

施舍，因为我们认为施舍会产生依赖性。

正如中国的一句古话所说："授人以鱼，不如授人以渔。"与其给人一条鱼，不如利用我们的资源教会他如何钓鱼或捕鱼的技巧。我们也不赞成通过捐款支持工资和建设项目。我们希望捐出的钱至少有90%直接给到医院，而不是浪费在管理费用和日常费用上。无论你选择向什么组织捐款，以何种方式捐款，都要确保它与你的个人信仰和价值观一致。

财富创造者是捐款者，而捐款在很大程度上能使你体验到人生的成就感。我们之所以捐款，是因为我们认为，有能力捐款本身就是一种福气。我们永远不知道自己会不会变成那个需要接受他人捐款的人，更重要的是，捐款会带来积极的结果。

第 2 个 10% 放进财富账户

你的收入的第二个 10% 要遵循一条十分强大的财富法则：首先为你自己支付。

许多人听说过这条法则，但很少有人真正执行。这是因为他们缺乏一种战略性的和自动化的方法，来持续地将这一法则每周、每月、每年都应用到每一笔收入上。

财富自由系统使用不可人为变更的、基于规则的 10%-10%-10%-70% 公式，将第二个 10% 的收入存到你的财富账户之中，从而解决了原本缺乏战略性且不能自动运行的储蓄方法的困境。这是一种强制储蓄的有效方法。

第 3 个 10% 是偿还债务的"债务加速器"

第 3 个 10% 用来清还债务，我称之为"债务偿还加速器"。本小节后面的内容将全面解释债务偿还加速器的"技术细节"。

最后的 70% 进入支付账户

在最基本的层面上，创造财富要求你熟练地执行收入大于支出这条核心准则，也就是说，要量入为出地生活，并且要求你十分熟悉储蓄与投资之间的差别。

在核心的层面上，量入为出的生活是自然法则的一部分，而自然法则是创造真正财富的关键。你也许有一阵子很走运，感觉自己是个特例，能够战胜自然法则，但那肯定是一种假象。

如果你深陷债务泥潭，而且有着过度消费的习惯，那你就是过度支出，过着入不敷出的生活，违反了自然法则。在财富自由系统中，我们通过遵循 70% 的规则来改变这个习惯，也就是说，只用我们 70% 的劳动收入作为生活开销。

很多人听说他们应当只用 70% 的收入来生活的时候，常常会说，即使将 100% 的收入用来生活，日子都很难过。但是，在

执行了财富自由系统的原则后，他们发现自己在日常生活中有许多不必要的支出。

我们往往以为，生活中有些东西是必需品，但经过一番探索之后，我们发现并不是这样。通常来讲，我们得改掉一些已经养成的生活习惯。

我妻子达妮自创了"债务战争计划"，她帮助人们"削减脂肪"，即压缩预算中的水分，从预算之中找出多余的开支。压缩不必要的开支是一种心理游戏，需要我们积极地、不受限制地加以重点关注，以便使我们摆脱多年来社会对我们循序渐进的引诱以及我们自己多年来形成的消费习惯。

如果说有一条捷径的话，就是执行财富自由系统原则1。

跳出消费牢笼的怪圈

如果你最渴望的是实现财务独立，并且拥有自由、安全感和成就感，就必须做出一些艰难的决定。令人感到惊奇的是，这样做实际上是一种自由的体验。你会意识到，你其实并不需要所有你认为必需的东西。你认为让你感到幸福的一切，为此付出的金钱，并没有使你接近你追求的真正幸福。

许多人发现，即使他们赚了更多的钱，买了好东西，拥有了更多的物质，他们也感到不开心；无论他们的奖金有多少，生意有多成功，房子有多壮丽，他们都觉得还不够，总想要更多。这就是富裕的可怜虫的生活。我也曾经陷入这样永不知足的境况，这太糟了，没有一点乐趣。相信我！

在我们当今这个信奉"更大即更好"的文化理念中，要违背这一理念可能是一件困难的事情。我们习以为常生活在一种追求"更大"的文化中。请你扪心自问：我追求的东西，真的让我感到更幸福吗？

在当今的大多数西方社会中，更多与痛苦之间似乎存在着相互关联。我们拥有得越多，幸福感就越低，我们变成了富裕的可怜虫。更多不是更好，更大也不是更好，实际上，少即是多。

要想逃离"总是追求更多"的牢笼，只有一个方法，那就是采取一种进攻的心态，去进攻那些正在诱惑我们的东西，然后反其道而行之。财富创造者和财富自由系统的实践者都受到极简主义心态的激励和强化。少并不是少，而是自由。

我们今天拥有的习惯，也会在将来常伴自身。但是，如果我们变成了自己当前财富的好管家、好经理，不论当前财富是多还是少，我们都为生活中的其他好事情建立了正面的连锁反应。

你必须乐于后退一步，想清楚你真正需要些什么。你必须认真梳理你的支出，将其控制在你的收入的 70% 以内。

只要你将自己生活中的支出控制在收入的 70% 以内，就能

够自由地支配你的钱。即使你想采用一种精致的生活方式，那就去做吧，不要有愧疚感，因为开销在你的收入范围内。

只要你熟练地掌握了财富自由系统的债务、收入和资产这三大支柱，你会发现你的收入及资产都将开始显著正增长。接下来你还会发现，只用不到 70% 的收入来生活，你也能过得很好。

执行财富自由系统原则 1 的具体细节

执行财富自由系统原则 1，首先是开设 4 个个人账户，让你的钱有地方可去。要想让钱为我们工作，你就得赋予它目的。

每个账户中存入多少钱，取决于 10%-10%-10%-70% 的比例分配。并不是所有的钱都放到一个账户之中，但大多数人正是采用这种方法。把所有的钱都放在一个账户里，也就是将不同用途的钱混在一起了。但在财富自由系统中，我们将钱分开，并给它一个存在的理由。我们告诉钱的用途是什么，我们是它的主人，而不是它的奴隶。最简单和最有效的方法就是分别开设账户。

第一个账户即第一个 10% 是捐款账户。大多数情况下，这是一个支票账户。

第二个账户是财富账户。它接收你 10% 的收入，这些是你留出来长期投资的钱。这个账户可以是当地银行的储蓄账户，也可以是经纪账户，但不应该是典型的储蓄账户。财富账户里的钱不是"我在需要时可以花"的应急资金。

财富账户里的钱有着特定用途。**金钱是种子，我们可以吃掉种子，也可以种种子。**如果我们播种，就有机会让它长成一棵果树。最终，果树将结出果实。我们要把果实里的种子继续播种，培育成一片果园，这样的话，在未来的某个时刻，我们就可以走进果园，采水果，吃水果，享受果实，而不会对果园产生任何影响。这个果园将年复一年地继续产出果实。种子里蕴藏着潜在的力量，但如果我们吃了种子，就永远培育不了果园。

再强调一次，这一点很重要，那就是：我们财富账户中的钱，是我们的种子资金。它不是用来提款的"储蓄账户"，而是用来种植的。财富账户最初是个单一的账户，但随着时间的推移，它会成长为一座"财富大厦"，可包括多个账户、房产、有限责任公司、股份有限公司和其他类型的实体。一般来说，"财富账户"是指你整个资产负债表上的资产。

第三个账户即第三个 10% 是债务账户，这些资金将作为你的债务加速器。这个账户应该是支票账户。

第四个账户即 70% 这部分是你的账单账户，它包含你用于日常生活开销和支付账单的钱。它也应当是支票账户。用商业术语来说，它是你的运营账户。

概括起来，这 4 个账户是：

1. 10%，捐款——支票账户

2. 10%，财富——储蓄或经纪账户

3. 10%，债务——支票账户

4. 70%，账单——支票账户

你赚来的每一分钱都将根据 10%-10%-10%-70% 的规则，分到上述 4 个账户之中。这既适用于你所有的劳动收入，也适用于任何的"意外之财"，不论是你在街上捡来的 1 块钱、你的玛丽阿姨送你的 50 美元生日礼金、你工作中获得的一笔巨额奖金或销售佣金，还是你获得的一笔退税款：不论是什么钱，这条规则都适用，不得随意更改。

最初的存款如果全部存入了 70% 的账单账户，在你支付账单之前，要做的第一件事就是各转移最初存款的 10% 分别到你的捐款账户、财富账户和债务账户上。

需要再次强调的是，所有的收入，不论它来自何处，都要根据财富自由系统原则 1 来分配，即：10% 进入捐款账户、10% 进入财富账户、10% 进入债务账户、70% 进入账单账户以支付日常生活费用。

不论你何时获得任何金额的钱，不论你是拿的周薪还是月薪，你要做的第一件事都是将它存入你的 70% 的账单账户之中，然后根据已经确定的百分比，将其再转存到另外三个专用账户之中，同时要保证总金额的 70% 留在账单账户里。

财富自由系统核心主题：为现金流重建资产负债表

现在我要告诉你财富自由系统的一个中心主题。这是有钱人的一个关键方法。这个方法，不但学校不会教你，理财规划师和财务顾问也不会向你解释，因为很多人并没有静下心来真正思考过自己拥有的资产。从我的个人经验来看，他们中的大多数人并没有真正理解这个战略，不懂得它有多么强大，也不知道如何恰当地运用它。

我正在谈论的这个方法之所以如此强大，是因为只要你理解并运用它，它就可能使你年复一年地变得更加富有。而且，它会减轻你的压力，使你能够在缺钱的日子和经济崩溃时期做到"富有韧性"或"抗击打"。我们表面的资产在关键时刻可能毫无作用，只有稳定产生现金流的资产才是最好的。

我所指的就是为现金流重建你的资产负债表。

这听上去也许有些复杂，不过，一旦你搞懂了，就会发现它真的十分简单，你也会知道，学校或我们的财务顾问竟然没有教我们这些。

作为财富创造者和财富自由系统的实践者，我们想学会如何为现金流优化我们的资产负债表，希望着手消除那些不能直接支撑我们正现金流资产的债务。

复合债务消除系统：你的债务偿还加速器

回顾我们的财富自由系统原则1，你的劳动收入中的10%要进入债务账户中。这个10%将是你每月的债务偿还"加速器"，而且将为我们所说的复合债务消除系统提供资金。只要你清还了所有债务，就能取出这10%的钱，然后把它存入你的财富账户，你的现金流资产就会增加，但你首先要用它来还债。

创造财富的关键是让金钱为我们工作，而不应该是我们为金钱工作。那么，我们如何才能做到呢？我们如何让钱为我们工作？下面我将说明如何快速、有效、持续地做到这一点。

让金钱为我们工作的第一步是消除债务。债务的复合利息会在你创造财富时拖你的后腿。如果你是一位欠着别人债务的消费者，还背负着复合利息，那你就是在为金钱工作。如果你是一位坐收复合利息的财富创造者，金钱就在为你工作。

我曾经说过，我们生活在基于债务的全球化经济之中。用于描述经济活动的术语，如流动性或信贷，都可以追溯到债务。如果你希望生活自由，拥有安全感和成就感，你不会希望自己负债。

因此，我将向你们显示如何逆转那些对你的整个生活不利的复合利息，并使之行之有效。

我们将通过债务偿还加速器来实现，所谓债务偿还加速器，就是使用你的债务账户，你已经按时把 10% 的收入放入其中。

它是这样运行的（见表 3.1）：

首先，你计算每月的总收入。假设你的总收入是 5 000 美元。5 000 美元的 10% 是 500 美元，这就是你每个月要存入债务账户的金额。现在，你每月的债务加速偿还额度是 500 美元。接下来，你制作一个电子表格或包含行与列的网格，列出所有债务。

在第一列中，列出你目前欠下的所有债务类型，如汽车贷款、学生贷款、抵押贷款、信用卡贷款、医疗账单，诸如此类。

在第二列中，列出每笔债务尚欠的余额。在上面例子中，目前各类贷款尚欠的余额介于 2 000 美元～16 万美元。

在第三列中，列举你的每一笔债务每月必须偿还的最低额度。

在第四列中，列出还款额，它是这么计算的：用每一笔债务尚欠的余额除以该笔债务最低还款额。在上面例子中，还款次数介于 25~107 次之间。例如，2# 汽车贷款的最低还款额为 500 美元，这笔贷款的尚欠余额为 21 000 美元，除以 500 美元，意味着需要偿还 42 次，才能还清。所有债务的合计金额为 25 万美元，而合计的偿还总次数为 345 次。

表 3.1 复合债务消除工作表

债务类别/名称	余额（美元）	最低还款额（美元/月）	还款次数（次）	优先级别	加速偿还额度（美元/月）	新的还款次数（次）
1#信用卡贷款	2 000	50	40	2	950	3
2#信用卡贷款	7 000	150	47	4	1 600	5
1#汽车贷款	10 000	400	25	1	900	12
2#汽车贷款	21 000	500	42	3	1 450	15
一般贷款	25 000	300	84	5	1 900	14
抵押贷款	160 000	1 500	107	6	3 400	48
总计	225 000		345			97

注：收入为 5 000 美元 / 月；加速还款数额 500 美元 / 月。

你为每一笔债务分配一个优先级，并将其填入第五列。由于创造还款的动力极为重要，因此，你要根据自己能多快还清债务来处理每一笔债务的优先级，你要把那笔最小债务放在最优先的位置。在上面的例子中，最优先的是 1# 汽车贷款，它需要 25 次便可以还清；其次是 1# 信用卡贷款，它剩下 40 次可以还清。以此类推。

在第六列中，列举加速偿还的额度，当每笔债务即将还清时，加速偿还的额度就会增大。

最后一列反映了运行加速偿还系统后，计算得出你的最新还款次数。

在我们复合债务消除的例子中，开始时的加速偿还债务的额度是 500 美元。因此，你把这 500 美元全部用于偿还优先级别最高的债务，在上面例子中是 1# 汽车贷款。你将这 500 美元的加速偿还额度与原计划的每月 400 美元的最低还款额度相加，得出每月总共偿还 900 美元。与此同时，你继续从你的 70% 的账单账户中支出最低的还款额度，用来偿还其他债务。

由于你现在每月偿还 1# 汽车贷款 900 美元，再加上加速偿还额度，这样一来，你还清 1# 汽车贷款的次数，就只需 12 次而不是 25 次了。

一旦 1# 汽车贷款还清，你就着手加速偿还优先级别为 2 级的债务，在上面的例子中，它是 1# 信用卡贷款。这笔债务的每月最低还款额是 50 美元。现在，我们用之前偿还汽车贷款的 900

美元来偿还 1# 信用卡贷款。所以，我们不是每月偿还 50 美元，而是能够每月还掉 950 美元。这意味着，你还清 1# 信用卡贷款的次数就只需 3 次，而不是之前的 40 次。

很快，我们就转到了 3 级的债务，那就是 2# 汽车贷款。原来每月要还款 500 美元，现在，你的手里有 1 450 美元可用来还款了，其中 950 美元是从 1# 信用卡贷款中释放出来的，再加上我们计划用来偿还 2# 汽车贷款的 500 美元。现在，还款的速度已经开始加速了。创造还款的动力已经形成，这正是我称之为加速偿还的原因。

优先级别 4 级的是 2# 信用卡贷款，每月的偿还额度已经增加至 1 600 美元。因此，你只需要偿还 5 次，便可以还清这笔债务了。等到你开始尽全力偿还优先级别最低的债务，也就是抵押贷款的债务时，加速偿还的额度已经高达每月 3 400 美元，而全部还清抵押贷款债务的次数，也从原来的 107 次减少至 48 次。

在我们的示例中，包括抵押贷款在内，所有的债务都可以在 7 年内还清！

快速和简单，创造了还清债务的势头

前面的例子展示了债务偿还加速器是怎么运行的。但这个例子没有考虑债务的利息和摊销，这只会影响数字的精确，但这不会引起歧义，前面的例子完全有效，因为你是利用复合效应来偿还债务，而不是成为复合债务的受害者。与我们合作过的那些使用债务消除加速系统的客户已经还清了总计数百万美元的债务。

有些人认为，先还清高利率的债务更为重要，但事实上并不见得总会如此。有时候，它不仅速度慢，而且较为复杂。**不管在什么情况下，快速和简单都是最重要的，因为它们创造了还清债务的势头！**

财富自由系统的复合债务消除系统如此强大和独特的原因是它背后的运行模式。记住，没有考虑人性因素的个人理财、财富创造和投资，就像徒手与一只 800 磅重的大猩猩搏斗。我们可能以为自己很聪明，因为我们"了解"规则，但如果没有更好的战略，我们每次都将输掉这样的搏斗。

别膨胀，还清债务只是开始

在我们的例子中，仅仅过了 90 天，就累积了偿还债务的势头。一旦我们还清了第一笔债务，财富自由系统的其他原则就开始启动。由于你遵守了捐款、管理、对被托付的小事忠诚以待、优先还债、用 70% 的收入来生活等各种原则，因此，你开始体会到生活中其他的变化和好处，你的积蓄开始增加，越来越多。

此时此刻，积蓄的增多会改变我们的心态，许多人变得更加

积极，拿出更多的钱来清还债务。你的整个人生都开始改变。你在财务上不再捉襟见肘，不再指望着薪水度日，也不再觉得钱永远都不够用。现在，你正体验着真真切切的积累财富的强大动力，也体验着强大的心理动力！

作为一名财富创造者，在还清债务后，你会持续地、有条不紊地将不可人为变更的财富自由系统原则1应用到你所有的收入之中，这样就不会让情绪和偏见妨碍你奔向财富自由了。唯一的区别是，一旦你的债务还清了，你每个月至少要往你的财富账户里存入20%的收入，这一开始就是合理的比例。创富路上先学会存钱，才能稳固根基。

记住，创造财富最关键是为现金流重新构建你的资产负债表。走出债务泥潭，只是开始，是实现目标的手段，它并不是目标本身。如果你仍然提前消费，做不到延迟满足，那么你很可能马上又要倒回老路，重新债务缠身！保持清醒，还清债务仅仅是开始。

我建议你再读一读上面这段话，让它深入你的脑海。太多的人对还清了债务感到兴奋，但他们没有理解自己正在打一场什么样的战争。因为他们不明白金钱的真正用途，也不知道如何真正让金钱为他们工作，所以，最后他们又退回老路并负债累累。要获得财富自由，仅仅不为金钱工作是不够的，我们必须学会如何让金钱为我们工作。

实现复利增长"小目标"，前所未有的乐趣开始了

到这一刻，如果你全身心地投入，希望自己成为一名财富创造者，那么，在严格遵守财富自由系统的进程中，你有两个选择：

保守的选择： 发誓远离新的债务，继续靠 70% 的收入来生活，今后将 20% 的收入存储到你的财富账户之中。

激进的选择： 发誓远离所有新的债务，把你新调整的"加速还款"全部放进你的财富账户中，以便超级复合和加速扩大你的资产基础，靠远低于 70% 的收入来生活。

在第二个选择中，你留出来偿还债务的钱仍然不在考虑范围之列。每个月加速偿还的数额再加上最初的最低还款额，这个数值在我们前面的例子中已经上升到每月总计 3 400 美元，被追加到最初的 10% 的财富额度之中，它们都进入你的财富账户，所以每月进入财富账户的总额度远远超过之前分配的 20%。

无论哪种情况，前所未有的乐趣开始了！你开始使你的财富账户和投资复利化增长，"让金钱为你工作，而不是你为金钱工作"的最初目标成为现实。你开始增加你的非劳动收入，采用的方法是将原本加速偿还债务的资金放进财富账户之中，以便为购买现金流资产提供资金，这将是"资产"这个章节中的主题。

熟练抵御诱惑，必须学会逆向思维，控制自我

如果你确实想要熟练掌握财富自由系统和债务支柱，就必须接受这个事实：你在持续不断地受到周围世界的影响。其实我们每个人都这样，没有人能够不被影响。即使我们觉得自己是个睿智而独立的思考者，我们仍然受到外部世界的影响。说到社会对我们循序渐进的诱惑，我们必须保持警惕和勤勉，学会逆向思维，并且控制自己的思想、情感和生活。

一个主要的影响是电视和互联网媒体。从我们观看电视节目的那刻开始，我们就开始被培养成消费者。有一天，我妻子和我决定在家里不再看电视节目。

自此以后，一家人大多数时候只用电视机看电影。

许多年前，我参与了一个创业项目。起初，项目的进展缓慢。在漫长的一天终于结束时，我会看电视新闻"放松"一下。我坐在电视前，想着自己只看 30 分钟左右。但是，3 个小时过去了，我还坐在那儿，完全忘记时间是怎么过去的！

基本上我一直在一遍又一遍地看同样的东西，电视里那些照着稿子念的人，对着我唠叨了……3 小时！而我完全被吸引住了，这太容易变成我的一个日常习惯了。

我们一家人不是特别喜欢体育节目，但有一年，我们决定观看超级碗（Super Bowl）①。我们多年来没有看过了。那时，我们的孩子很小，我们坐在现场观看一场重要比赛，半场比赛结束时，中场秀开始了。就在这一天，珍妮·杰克逊（Janet Jackson）上演她那出了名的"服装故障"。我们和 4 个孩子就在现场，一度无语！我妻子看了我一眼，然后马上起身给有线电视公司打电话取消了我们的有线电视服务。从那时起，我们再也没有有线电视节目了，我们也不怀念它。

大约在那件事发生的同一时间，我们创办了一家新公司。这是一家以互联网为基础的出版和教育公司，后来发展成一家价值数百万美元的文化企业，并主导了它的利基市场。如今，这家公司依然茁壮发展，并且影响着人们的日常生活。我坚信，如果我们没有取消有线电视服务，这家公司不会取得这样的成功。关掉电视，将宝贵的时间、精力转移到有意义的事业上，否则，你的精力就会继续被你花费在精神垃圾上。

如果你还是心存怀疑，你应当知道，多年前就有人进行过一项研究，研究成果表明，看电视节目，可能还包括所有形式的被动观看的视频媒体，把时间用来观看没有内涵的娱乐节目，改变了人们的大脑运行状态。这项研究的最终结论是开放式的：研究

---

① 超级碗是美国职业橄榄球大联盟的年度冠军赛，一般在每年 1 月最后一个或 2 月第一个星期天举行。——编者注

人员不确定是电视节目让人不再专注学习（因果关系），还是喜欢看很多电视节目的人天生不爱学习（相关性）。

不管怎样，如果你想成为一名财富创造者，就必须对自己的时间负责，不要把你的时间和思想花在没有内涵的娱乐节目上。

现在，请你下定决心不再看电视节目和让人上瘾的其他互联网娱乐项目，尤其是没有内涵的内容。对一些人来说，也许沉迷于社交媒体，耗费宝贵的时间和精力，已经成为习惯。习惯，并非不可能改变，但我们很难改变它，因为我们的大脑总是加班加点地工作，让我们走向舒适。改掉坏习惯的最简单方法是用好习惯来代替它。我建议把这些时间分配到学习新技能上，我也是这样做的。改掉之后，坚持下来，你的生活就会跟以前不一样了！

数字经济时代下的营销反思

据统计，普通人每天花 7 小时在媒体上，例如电视、广播、网络、社交媒体、报纸、杂志等，每天要接触到近 1 万条广告。

这些广告信息中，有多少对你来说有一定的教育意义，帮助你成为一名财富创造者呢？不幸的是，大多数广告信息将引导你成为消费者和负债者，最好的可能也只是让你变成富裕的可怜虫。

我有市场营销方面的专业背景。请允许我让你先睹为快，看看广告信息后面的真相。

营销人员的核心工作是销售、提供产品，并且提供问题的解决方案。如果问题不存在或者未知，营销人员就会在目标受众中制造并煽动他们想要或需要他提供解决方案的欲望。营销人员会不惜一切代价地完成销售，无论是通过传统媒体、广告、社交媒体，还是直接响应推广活动。

有些媒体的"新闻"不再着重报道真相或事实。往好里说，它已经变成了娱乐新闻或广告载体。这就是 24 小时滚动播出的循环新闻背后的商业模式。它的最终目的是创造内容、点击量和吸引力来出售广告位。消极的东西以及戏剧性的东西能够带来销量，这些内容能吸引眼球，制造高收视率。记住：这个世界充满了广告，你所看到、听到和读到的很多内容，都是为了向你推销产品。大众就是处在这样的内容、营销和销售的商业模式中。

当一个企业发展得更大时，这种商业广告演示和现实之间的差距或差异，以及保护实体声誉的需要与真正对消费者好的东西之间的差异，就会扩大。利润或者自我保护与透明度之间存在着利益冲突，实体规模越大，这种冲突就越强烈。

作为财富创造者，你必须定期盘点你在互联网媒体上的消费情况。谁在影响你？什么东西在影响你？出于什么目的？

生产滋养心灵，消费则相反，它让心灵"挨饿"。生产不仅创造真正的财富，而且还是高质量生活的关键因素。过度消费侵

蚀了我们的财富，并且使我们的幸福感和成就感变得扭曲。我们都想要享受生活中美好的事物和难忘的经历，但是，当我们陷入了为求快乐而过度消费的恶性循环时，这个循环就会自我膨胀，形成一个越来越大的黑洞，永远无法被填满。

有了财富自由系统，只要知晓了影响你生活的种种因素，运用复合债务消除系统，然后着手建立你的财富账户，你将"变成你自己的银行"。你再也不必乞求贷款，也不会深受利率或经济周期性变化的影响。你将有能力为自己的创业和投资提供资金，也为你和你的家人创造大笔财富。

消费只能短暂快乐，积累财富终身受益

正如我好几次指出的那样，我们在生活中受到情绪的左右，这是人性使然。我们会用金钱做出情绪的、非理性的决定，比如我们购买新车，我们从买车中获得的兴奋感可能持续 90 天。但当你每个月都在你的财富账户上增加 400 美元时，你感受到的兴奋、激动和满足，将持续很久。

下面这个故事证实了我的观点。

　　我曾经有一位员工，暂且称他为史蒂芬。他有一辆旧

卡车，他认为卡车性能不够用，想换掉它。有一天，他问我他是否该买辆新卡车。于是我们坐下来讨论这个问题。

我问史蒂芬，他的卡车能不能正常行驶，有没有得到很好的保养？

他回答："能正常行驶，车况很好。"

"好的。在你的生活中，究竟是创造财富重要，还是买辆新卡车更重要？"我这么问他。他回答说："创造财富更重要。"

我向他解释，车是一笔债务，严格地来讲，是一项会贬值的资产，因为车需要每个月花钱去保养和维护。我建议我们一块儿想办法把他那辆卡车变成一种现金流资产。

我们接着讨论，如果他贷款买辆新卡车，每月得支付多少钱，得出的结论是，每月大约 400 美元。然后我建议他"戴两顶帽子"：一项是戴着银行家的帽子；另一顶是戴着开新车的帽子。也就是说，我让他不时转换自己假想的身份，一会儿想象自己是银行家，一会儿想象自己开着新卡车。

我建议他先不着急买新车，那样会使他负债，形成负现金流。相反，我建议他每月应该给自己开一张 400 美元的支票，这个数额，恰好是他计划买新车之后每月应当偿

还的贷款。接下来，我让他把那张支票存入他的银行账户，等到 90 天后，我再问他，是否还想买一辆新卡车。不用说，他不想了，因为他明白了手握现金的好处。

史蒂芬当时的收入并不高，但他把自己想象成银行家，学会了运用财富自由系统。他学会了重新定位自己的债务，推迟满足，并且花时间思考自己的目标。他感到信心满满，动力十足，知道自己正踏上一条通往财务独立的道路，那会使他实现经济独立。如今，他运用财富自由系统可以进一步权衡新购买物品的成本和收益，这也是一个可以应用于未来交易的方法。他没有冲动地买辆新卡车，享受几个月后就会消退的短暂快感，他以一种全新而有力的方式做出了一个令人满意的战略决策。

第 4 章

财富大厦支柱二：
增加收入

越早开始种植金钱的种子，

越早拥有一个可以世代相传的财富果园

高敬镐

畅销书《财务自由笔记（小白理财实操版）》作者

TRUE WEALTH FORMULA

大多数白手起家的人认为，自己之所以能够成为有钱人，是因为脚踏实地、尽心尽力工作，认认真真储蓄，渐渐地事业有成，也开始有了投资的机会。在这个过程中，他们为钱投入了多少心血和精力是不言而喻的。

现在，我想向你介绍一个古老且简单的财富法则。我用了许多年才意识到这个简单财富法则的强大力量。如果你学会了这个法则，没有被它的简单所欺骗，以为简单的东西就不管用，而是真正地抓住了它的精髓，那么，它将永远地改变你与金钱的关系。你再也不会以同样的态度看待金钱了。

记住下面这条法则：

金钱是种子，我们要么吃掉它，要么种下它。当我们吃掉它时，它就不复存在了。当我们种下它时，可以看着它逐渐地变成一棵棵果树，形成一个大果园。

不幸的是，许多人吃掉了种子，或者说，花掉了他们挣来的钱。在本章中，我们将关注如何使我们每个月种下最多的种子，同时消耗最少的种子。我们将学会更多地储蓄，更少地消费。

如果我有 1 块钱，我花掉了，那就等同于吃掉了种子。这 1 块钱代表的种子就一去不复返了。如果我种下了这颗种子，或者说用这 1 块钱投资，它就具有了成长为一棵参天大树的潜力，或者说具有了使我获得更多收入的潜力。如果我很好地照看它，它可以结出果实，而果实又包含更多的种子供我再次种植。假以时日，所有这些种子将成长为一棵棵果树，形成一个大果园。

财富自由系统的主要意义在于对种子的理解。他是要教你建立一个财富果园。我们支付自己的账单，享受人生的乐趣，但从不花光所有积蓄。我们当然可以吃一些果实，但不能吃掉全部。这与"现代投资组合理论"（Modern Portfolio Theory）的退休计划正好相反，稍后我们会详细阐述。

准备好迎接复利的指数型增长

有钱人和那些通过家族办公室（family office）来管理家族财富的人们会提到一个类似的概念，即"永远不碰本金"。这句话的意思是，你应该用自己财富的部分利息来维持生活，但决不能用本金来生活。这就确保了财富每年都在持续正增长。

我们越早开始种植金钱的种子，就会越早拥有一个可以世代相传的果园。我们在获得经济独立的同时，将体验更多的幸福感和成就感，学会如何花更少的钱让自己更快乐。

明确地讲，时间和耐心是宝贵的资源。复利在起初的 10 年并不会令人感到十分兴奋，等到 10 年后事情才开始变得有趣，增长的势头开始累积。到第 20 年你再去看复合利率的财富图表时，开始出现垂直向上发展的势头。经典"曲棍球棒效应"的财富图表将展现在眼前，这标志我们的果园开始全面开花结果！

优化收入：让非劳动收入大于劳动收入！

现在，让我们探讨怎样优化我们的劳动收入，或者说，优化我们的薪水。

有钱人使得他们的劳动收入最小化，非劳动收入最大化。中等收入者和穷人则完全相反，他们终其一生都在为金钱工作，而不是让金钱为他们工作。

我已经一再强调：创造财富的关键是让金钱为我们工作，而不是我们为金钱工作。这是财富自由系统的一个核心概念。我们工作获得的薪水，就是我们的劳动收入。为我们工作的金钱，就是我们的非劳动收入。财富自由系统将关注的焦点和发展的势头转变成你的财富账户中的非劳动收入，让你可以自由地为了捐款、成就感、幸福感和积蓄而"工作"，而不是为了钱而工作。

不过，你有一份收入，并不一定意味着你就拥有财富。不管新闻上怎么描绘有钱人，开豪车、住大房子的人通常都不是最富有的人。正如畅销书《邻家的百万富翁》(*The Millionaire Next Door*) 指出的那样，看起来很富有的人，其实并不富有。

你会经常听到人们高谈阔论他们多么有钱，但他们往往描述的是总收入而不是净收入。他们不研究甚至不知道他们的资产与负债是如何呈现在资产负债表上的，也不清楚流动净值或"资产回报率"。容易被高收入数字打动的人与知道并理解什么是真正财富的人之间，就存在这样理解的区别。

和处理债务一样，在面对收入时，我们要从改变我们的心态开始。首先要理清思路，以便改变我们的行为和习惯。

真正的富有不是炫耀财富和奢华的生活方式。财富自由系统将财富定义为财务独立，意味着你的非劳动收入大于劳动收入。当你实现了这个目标，就基本实现了财富自由，就可以把时间投入你的梦想、人生目标和对你来说最重要的关系上了。

你才是自己排第一位的、最有价值的资产

你的资产负债表显示了你的净值究竟是正还是负，也显示了你的资产是大于还是小于你的债务。用简单的非会计术语来说，资产负债表就是你拥有的一切减去你欠下的一切。如果你所拥有

的价值大于你欠下的价值，你的净值就是正的；反之，你的净值就是负的。在企业中，净值和净资产是同样的意思。

我们在和客户讨论时，我会让他们列一个清单，让他们将所有能产生收入的资产列举出来，比如股票、债券、房产，诸如此类。但是，没有人把他们自己的名字列在清单上，而恰好是名字，才应该列在清单的第一位！

这就触及了会计中的一个主要的核心问题。人们没有认识到，每个人刚出生时，其资产负债表都是零。

但是，我们有不同的技能、能力、天赋，以及改变的可能性。我们都能使自己更加进步，学习新技能，增长新知识，并且选择和什么人交往。我们和他人交往的能力，是我们的思维模式以及世界观形成的一个重要因素。

但会计学没能将上面这些重要的事实考虑进来。没有人会和会计师坐下来讨论如何使资产负债表上最有价值的资产——他们自己增值。

收入的 3 种经济类型

劳动收入来自你工作赚到的钱，非劳动收入来自为你工作的金钱。一般来讲，非劳动收入的税率要低于劳动收入。

收入有 3 种经济类型：

1. 按时计价的经济（time-for-money economy，TFM）；

2. 按结果计价的经济（results-for-money economy，RFM）；

3. 按金钱计价的经济（money-for-money economy，MFM）。

　　我们都熟悉按时计价的经济。在这种经济中，我们用时间换金钱，钱通常以工资的形式发放。这往往是线性收入：如果我每小时赚 10 美元，而我工作了 10 小时，那我就有了 100 美元收入；如果我每小时赚 1 000 美元，但我不去工作，我的收入就是零。在按时计价的经济中，即使我提升了我的技能，增大了我对市场的价值，并且增加了每小时收入，它也依然是一种受到工作时间长短限制的线性收入。

　　按时计价的经济的一个主要问题是，我们每个人都受到一天中工作时间长短的限制，我们每天可用来工作的时间只有这么多。尽管如此，如果你在这种经济中工作和生活，通过提高你的技能和提升你对市场的价值，每小时收入还是存在很大的增长空间。在按时计价的经济中，有许多的高收入者。

　　按结果计价的经济，你根据自己创造的结果，而不是工作的时间获得报酬。例如，你可能整天都在工作，但如果你没有做成一笔销售业务的话，就没有报酬。收入常以小费、佣金或奖金等形式获得。按结果计价的经济还包括潜在的杠杆。如果你学会创造一个更大、更有价值的结果，就会增加你的收入。除了销售这个行业，按结果计价的经济的例子还有很多，比如一些创造性的岗位：产品研发、市场营销和广告推广、管理、网络交易、活跃的股票交易、房地产交易，以及大多数小企业或初创公司等。

重要的一点是：不论是在按时计价的经济中，还是在按结果计价的经济中，劳动收入的技能为非劳动收入创造了最初作为种子的资金。

一般来讲，你要在按结果计价的经济中迅速提高技能，尽可能迅速地从按时计价的经济中转移到按结果计价的经济中，因为按结果计价的经济大多数情况是一条提高非劳动收入的更快途径，这是通往财务独立之路，也是财富自由系统的目标。大家要重视并提高那些按结果计价的劳动技能。

按时计价的经济和按结果计价的经济都是劳动收入，而按金钱计价的经济是非劳动收入。在按金钱计价的经济中，我们的资产创造现金流收入，并且为我们实现了资产正增长。

注意：我不是将非劳动收入这个术语作为一个正式的会计术语加以使用，也不是为税务报告举例。我之所以举这些例子，只是为了使事情简单，并与财富自由系统的核心定义保持一致，也让你熟悉不同类型的收入以及它们如何报告和算进纳税申报单。同样，这可能与你居住的国家或你面临的情形有所不同，但劳动收入和非劳动收入的概念是普遍适用的，例如，被动收入、组合收入等也是上述两类收入之一。

增加薪水的 4 种方式，全部指向自我增值

如果你想提升收入，必须想办法增加你赚更多钱的能力。你要在市场中增加你的价值来做到这一点。

记住这条规则：市场为价值买单。

为了说明这一点，让我们看看人们的普遍心态：许多人认为他们的工作理应得到一定的报酬。

这种想法的缺陷在于，它没有从企业主的角度来考虑。企业主聘请员工的原因是解决某个问题或者满足某种需要。没有哪家企业仅仅由于他们想要一名员工而聘请员工。在大公司的资产负债表上，员工被视为债务。如果公司花钱培养员工，员工就应该被企业主视为一种资产，但很多公司并不这么看。

一个典型的例子就是，当经济衰退或者公司出现财务问题的时候，公司首先要做的事情之一就是裁员，减少工资额是削减成本最简单的方法之一。

公司裁员是为了减少开支，增加现金流和利润率。当上市公司这么做时，它们的股票通常会上涨，因为它们减少了"债务"。

因此，我鼓励你认真地把自己当成一项最宝贵的资产，并且相应地进行投资。至少，如果你是一名员工的话，你这项资产将成为你的一份保险，帮助你提升自己在公司中的价值，跻身公司的"资产"一栏。

市场为价值买单。提升你在市场中的价值，并使你的收入快速增加，有 4 种方式：

1. 知识

2. 技能

3. 人际交往

4. 行动

知识

如果一个人具有某个特定领域的专业知识，并且能够高效地运用那些知识，以解决相关领域的问题，那么，他将获得相关公司重视，得到更多收入。然而，光有知识是不够的，至少还有其他三者之中的其一才行。

技能

举例来说，你拥有不错的销售技能并不断学习和发展新销售

技能，可以给自己带来两倍、三倍甚至十倍的收入。许多人从学校毕业后没有坚持学习新东西。他们没有思考如何解决新问题或者如何培养新习惯。他们没有继续提升、学习和成长。

这通常导致欠债思维，这种思维认定，别人欠了我们什么。这种思维导致人们将自己定位为受害者，并且期待别人来解决他们的问题。但是，财富自由系统回避受害者心态，支持我们承担自己的责任，并解决自己的问题，做自己的第一责任人。记住，自己的事情需要自己去做，别人无法替代你。

随着我们正在完全地从工业时代转变成日益增长的技术、创新、颠覆以及"创造性破坏"的时代，我们必须主动地持续学习新技能。

我们没有时间等着别人来解决我们的收入问题，也没有时间站在那里等别人来拉我们一把。我们没有时间来期待旧的工作岗位会再回来，因为这个世界正不断地向前发展。你应该想一想：5年以后你想成为什么样的人？ 5年以后你是否有学到新技能，并能真正适应时代的发展？

这个时候，关注更大的目标趋势是有益之举，你不可能阻止这些趋势。新型经济需要一种适应性和灵活性的心态。你必须在精神上变得坚强而有韧性。变革带来机遇，而最有价值的技能之一就是识别和解决问题的能力。

人际交往

并不是每个人都具备专业的知识或特定的技能，但他们都可以成为不可思议的社交者。有些人天生就擅长待人接物、社会交往、撮合交易或者引荐他人。他们就是那种总是忙不过来的人。

这种人带给市场的价值，来自人际关系、与陌生人接触及与他人交往的能力。

行动

初入职场的人常常缺乏专业知识、成熟的技能或者人际交往能力。在这种情况下，这样的人应该着重通过采取"全力以赴的大规模行动"，提供出色的服务和坚持良好的职业道德来提高自己的收入。

我说的采取行动，意思是指人不能懒惰。他上班很早，从不迟到。他加倍努力，在工作时保持微笑，并且以卓越的精神从事他的工作，专注于解决问题。于是，各种机会都会向他招手，使他有可能学习专业知识、学习新技能、与他人开展社交。作为一名企业主，我愿意挑选那些有着强烈职业道德和愿意付出更多努力的人，而不是那些自以为是却什么都不会做的人。"全力以赴的大规模行动"的前提是你要有良好的心态和健康的身体。照顾好自己，良好的饮食和锻炼很重要。

"三百六十行，行行出状元。"如果你想挣更多钱，就必须学会通过知识、技能、人际交往或行动来解决更大的问题。

记住这条法则：问题越大，其解决者的薪水就越高。

如果你对自己当前的薪水不满意，那就集中精力去学习解决更大的问题吧。

学会如何学习，是自我投资的最佳工具

传统的观念认为，到了适当的年龄，你要去上学，接受教育，然后才能找个好工作。

这种观念的问题在于，它假定我们受教育的过程有一个起始日期和终止日期，一旦从学校出来，受教育的过程就结束了。不幸的是，这种想法使人们相信，等到他们加入求职大军，就不再需要学习任何新东西了。要成为财富创造者，我们要改变这种对自己不负责任的观念。

财富创造者坚持认为，教育的最宝贵形式是自我教育，也就是自学，这个形式可能包括也可能不包括传统的上大学、获得学位的受教育途径。甚至更重要的是，这个形式着重强调爱上学习，我们对自己当前的学习过程负责。我能获得如今的成就，也是因为我永不止步地自学。

学会如何学习，将变成你能够获取的一项最宝贵资产。要再次强调的是，新型经济正在快速地变化和发展，需要具有适应性和灵活性的心态。所以我们必须问自己：如果我想在未来十年内增加收入，那么，从今天开始，我需要学些什么？哪些新知识能够帮助我解决更大的问题？

今天，得益于高科技的飞速发展，自学比从前容易得多。如今，你不必花四五年时间，欠下六位数的贷款来偿还上学费用，才能获得专业的知识与技能。你可以在网上找到许多自己想要的课程，这只需花很少的钱。坚持学习，与时俱进，跟上时代发展的步伐，获取好的思维方式。

有机会学东西的工作比高薪更重要

自学与提升你赚钱能力的另一种方式，是找机会为那些拥有你想要的技能的人工作，并从他们身上学习。几个世纪以来，师徒模式一直是提升专业技能和技艺的基石，其实这个概念也可以应用到技能发展的许多其他领域。

在找工作时，财富创造者优先考虑那些有机会开展社交或者学习专业知识与技能的工作，而不会优先考虑薪水最高的工作。这样的话，你的工作就变成了对自己的投资，就像你现在知道的那样，它将永远是你资产负债表上一项最重要的资产。与一份暂

时薪水更高但又学不到新东西的工作相比，让你有机会不断学习的工作最终会给你带来多得多的回报。

还有一种可能是，即便你赚了很多钱，到最后还是成了富裕的可怜虫，缺乏真正的成就感，因为没有实现个人成长，而这些都是有意义人生的根本要素。要始终牢记，你是自己最重要的资产，没有之一。投资自己的学习是极其宝贵的。和持有一只股票一样，你应当每天问自己，我的价值是上涨了还是下跌了。当你投资你自己时，你的投资将自始至终给你派发红利。

增强对快速变化的世界的适应能力

从一开始就爱上学习，并且养成自学的习惯，另外就是增强你对当今这个不可思议、快速变化的世界的适应能力。技术正改变着经济的每一个角落。创新与颠覆的速度，正在呈指数级地加速。学会适应这个时代，是财富自由系统的一种核心心态，也是在万事万物快速发展变迁的时候实现繁荣的关键。适应能力已经成为新型经济中的一种卓越能力。

例如，5年前，我手下共有11名设计师、研发人员和程序员，他们管理着软件代码并负责开发网站。随着互联网技术的革新，如今我只需要点击几下鼠标，就能完成5年前那11名员工一天的工作。有人可能认为，网页设计师或程序员的技能在新型经济中是有需求的，不必担心被淘汰，但前提是他们适应这个时代并且不断提升自己的能力，因为市场在不断变化，更新的和更好的技术在不断涌现。

重点是，当你爱上学习，接受适应变化的挑战，并且不再想着为了支付开销而去工作，"工作"本身就不再只是工作了，变成了你学习和成长的过程，**工作本身就能帮你实现自我，你可以从工作中收获更多。**你已经改变了你的整个人生轨迹，体验了财富创造者的部分生活方式。

要再次指出的是，为了在这个快速变化的时代中生存，你得具备高度的适应性，意味着你必须"生命不息，学习不止"。最好是现在就爱上学习，完善个人发展，并且享受这个过程。一旦你这么做了，最好永远不要回头，而是勇往直前！

具备前瞻性和进攻性的思维

著名的武术家和电影演员李小龙一直是我的偶像。他的武术和截拳道的理念，深深地嵌入了我倡导的财富自由系统之中。截拳道的一条重要原则是"吸收有益的东西，舍弃无益的东西，添加你自己特别的东西"。认真的财富创造者都应当遵守这个原则。李小龙倡导持续不断地自我改进，他说，你得学着像水一样去适应周边的环境。

李小龙是一位远见卓识的创新者，他当时倡导一种激进的理念，即个人比制度更重要。在今天的综合格斗（mixed martial arts）环境中，这已经不再是一种太过激进的理念了。大家都知道，一说到战斗，不论是街上格斗或战场厮杀，为取得胜利，必须调整战略和战术。

你必须学会适应，有前瞻性和进攻性的思维。最后，与对手或环境对抗的，还是你自己。韧性、前进的压力和灵活性，是财富创造者的基本素质。

生活有时候很糟糕，常常不如人意。重要的是学会适应环境，并且从每一次的经验教训、每一次错误中学习。当我们犯了错时，退后一步，凝神思考：我们能从中学些什么？怎么确保今后不再犯相似的错误？我们难免会犯错，关键是如何让错误成为我们前进的阶梯？当我们向自己提出类似这样的好问题时，终会找到需要的答案。

自学的机会是随处可见的。爱上学习，现在就下定决心做个终身学习者！

能够带来几何级回报的"强力技能"

强力技能（Power Skills）是指那些能提供杠杆作用的技能。

与线性技能的一对一比例回报不同，强力技能的回报是几何级数的，这意味着它们具有乘数效应。如果你运用得当，强力技能的回报是"上不封顶"的。

在所有强力技能中，核心的是批判思考技能、创造性解决问题技能以及人际交往技能。下面是详细介绍。

销售

有些人一想到销售就会畏缩，但它是世界上最古老的职业。不管人们是否意识到，每个人都以这样或那样的方式参与销售。然而，大多数人并不擅长销售，因为他们对它有错误的认识。

不论你是什么人，也不论你在哪里，你都至少参与了以下销售的四个方面中的一个。你要么：

» 销售产品

» 销售服务

» 推销点子

» 推销自己

如果你是企业管理者，你可能以为销售跟你没关系。但你每天上班时，就是在推销你自己：你的业绩、态度；你是在微笑还

是皱眉；你是在传播谣言、参与政治活动还是在诽谤他人；你是在勤奋工作、做一名优秀的团队合作者，还是在为公司创造更多的价值。你的业绩、你内心的想法、你的微笑，以及你追求卓越的精神等，你做的所有，都是在推销自己。你每天都要积极地推销自己，如果不这样，当你不能为所属公司持续创造价值，你可能会被列在裁员名单上。

如果你是一位全职妈妈，你也参与销售。你得向你的孩子"推销"蔬菜，让他们每天晚上都开心地吃一点，这需要一流的推销技巧。如果你的孩子因为吃了蔬菜而哭哭啼啼，那么，或许你不擅长运用这种销售技能。你要学会说服的技能，以便向孩子们灌输一种急切的渴望，让他们自己愿意吃蔬菜。

销售是人人都可以从中受益的技能。学习如何更好地销售，我们可以改进自己的职业。企业主，特别是创业家，需要掌握销售的各个方面，包括寻找潜在客户、学会演示、促成销售业务、跟进处理、追踪观察，以及提供优质的客户服务并培育口碑。

如果你缺乏销售技能，应当立即找机会补齐这方面的短板，但是，要向专业销售员而不是向业余销售员学习销售技能。如果你提升了销售能力，不用怀疑，你一定能见证自己的收入增长，不论你当前的工作或职业是什么。

我的妻子达妮也是我多年来的商业合伙人，她曾帮助数十万人增加收入。在帮助人们掌握销售技能、其他提高收入的技能以及生活技能等方面，我妻子确实是我认识的人中做得最出色的。但这些技能都是后天培养的。

市场营销

市场营销与销售相关联，它是指一整套高杠杆的技能，包括广告、探寻销售线索、直接营销、文案策划、品牌化和定位等。懂得撰写引人注目的广告或标题，设计极具吸引力的产品或服务，识别和测试不同的价格点，进行产品或服务的演示，明确地表达产品或服务的好处，以及向上销售、向下销售和交叉销售，无论是通过书面、口头还是视频等形式，都是市场营销技能的一部分。市场营销比销售更加全面、立体。

你可以通过多种方式学习市场营销这项强力技能：阅读相关书籍、倾听相关音频、在家学习相关网络课程、接受相关导师指导、参加相关研讨会和培训项目，以及在一些已经熟练掌握这项技能并经验丰富的市场营销专家身边工作等。销售是战术，市场营销是战略，两者结合，才能相辅相成。

沟通技能

无论你是一位项目经理、客服代表，还是一位专业的高管，

都要在某种程度上和人们沟通。你在公司管理层级中的位置越高，就越要重视培养出色的沟通和解决冲突的技能。公司高层管理人员主要从事的工作就是沟通。

只要掌握了沟通的基本原则，人人都能从中受益。由于在沟通中多达 93% 的交流是非语言的，因此，在如何沟通和传递信息方面，我们还有许多要学的。

如果你的沟通技能和人际交往技能很差，那么，当你的收入达到一定水平之后，将无法再增长。这是因为没有人是与世隔绝的，我们需要他人协助实现目标。如果我们的沟通技能很糟糕，将大幅限制我们的成长。

沟通没有任何捷径，只有我们大胆表达自己的合理诉求，才能实现有效沟通。

项目管理

在新型经济中，项目管理是另一种宝贵的强力技能，因为我们的大部分工作都是通过异地远程团队来完成的。具有卓越项目管理技能的人们能给市场带来更多价值。管理好员工、预算、时间、日程安排、工作任务和项目的方方面面，需要将沟通与销售技能结合起来，同时还需拥有良好的组织技能和技术专长。能独立跟进项目，才能得到快速提升。

如果员工能够管理那些拥有众多可变因素的复杂项目，几乎不犯错，对每一家企业来说都极有价值。

公开演讲

公开演讲技能是指导下属、团队建设、激励他人、培训员工、进行演示以及承担领导责任等工作中必不可少的。特别是在销售中，如果你克服了对公开演讲的恐惧，就能在工作的各个方面都大获成功。

从事公开演讲这一职业也有很高的收入潜力。你要充分利用各种机会去做演讲，去进行相关培训，去大大小小的团队中演说，这样才能成为一名优秀的公开演说家。把你的演讲经历记录下来，并学习和模仿那些技巧娴熟的演讲者和演说家，是很有帮助的。不能害羞，也不能羞于启齿，大声说自己想说的话。

会计

与会计相关的强力技能包括税务规划、法律架构、数字运算、财务管理和投资。事实证明，不管你是一位投资者、创业家，还是某家公司的员工，会计技能都十分宝贵。

许多人不懂会计或税法，一看到数字就吓坏了。假如你了解会计、金融和法律架构等方面的知识，就能够更好地发现问题和

机遇，避免犯错和欠债，并且存下更多钱。只要你在这个领域有所拓展，哪怕只是拓展一点点，那么你对公司的价值或者你自身的价值都会大幅提升。

发展并扩大业务

发展并扩大业务是一项强力技能。这种技能与项目管理类似，与流程的优化更加密切相关。通过识别和消除瓶颈，可将效率和生产力至少提高两三倍。无论是通过消除瓶颈，精简流程，还是评估员工优势与劣势的方式，你都能够提升企业的生产效率，使其规模倍增。

员工企业家

员工企业家反映了一种员工的心态，尽管他感到自己当前能力没有资格当企业家，却秉持企业家的态度。员工企业家意识到，企业主聘请员工，是因为企业主有一些需要解决的问题。员工企业家不是那种尸位素餐的人，也不是那种坐享其成的人。

员工企业家有一种与企业主类似的心态。他会对公司里的所有事情都担起责任。他不抱怨或八卦，而努力提升自己的技能，扩充自己的人脉。他在工作中寻求的是付出，不是索取；他专注于解决问题，不是制造问题；他是生产者，不是消费者。

如果你怀着员工企业家的心态，将改变你的绩效。机会将向你敞开大门，而你对公司来讲也是宝贵的人才。假如某家公司的高级岗位恰好空缺了，公司将把晋升的机会留给员工企业家，也会优先让员工企业家去负责分公司。

如何才能无畏退休，一辈子尽情创造价值、享受生活？

财富自由系统不认同现代社会关于退休的传统观点。从根本上讲，退休是起源于工业时代的一种观念。它诞生于 20 世纪初期，是对在工厂里每周工作 40 小时，连续工作 40 年的一种回应。当工人年纪太大，无法再工作时，将得到一块金表和一辆房车，他们如果保持健康将开着房车四处去旅游，离开这个世界之前希望看到自己的孙辈出生。

整个财务规划行业都基于上述这种想法。不幸的是，对许多人而言，它不太管用。人们的大多数财务决策都是为退休做准备的，资产配置基于年龄、收入水平、支出和风险承受能力，而不基于定义和设计有意义的人生。

一些人退休后往往很痛苦，预期寿命迅速缩短。另一些人就是不想退休，一旦真的退休，他们会变得不开心。人们用一生的时间来为"退休"做准备，但等到他们真的退休了，退休后的生活就不像人们描绘得那么美好。他们经常再去工作，要么是为了维持生计，要么是出于厌倦和孤独。

为什么要用一生的时间去追求一个在统计学上并不适用于大多数人的退休概念呢？遵循几千年来一直有效的老方法，采用财富自由系统的心态与生活方式，在人生的青年时代就实现财务独立，到了老年时代追随内心的热情去帮助别人。你的退休岁月本该是你一生中最富成效和最具智慧的岁月。退休后的你最不应该做的事就是整天坐在家里看电视，你仍可以给这个世界带来许许多多的价值!

遵循财富自由系统，你会在退休之前就做到财务独立，成为一个身心健康、卓有成效、生活愉快的人。在本应属于你的黄金时期，你将能够回报你的家庭和社会，因为你已经创造了非劳动收入来满足日常开销，现在还可以自由地指导别人，帮助他们成长。如果你到了退休的年龄，可以使用财富自由系统的原则创造留给后代的财富，并且与他人分享这本书以及其中的理念。

未来5年，你的生活会变成什么样子？如果你不强迫自己学习新技能并改变心态，5年后，你的生活很可能仍和今天一样。通过采用财富自由系统的心态，做一名终身学习者，你将过上充满了冒险、成长和成就的生活。要为将来做好打算，那必须从现在就开始采取行动。

如果你学会了一整套技能，那么，恰当使用这些技能就将得到对应的回报。你不必按部就班地等待退休，而应在任何时候都尽情地体现自己的价值。

在自我学习的道路上，学会解决更大问题，学习专业技能，发展人际关系，培养强烈的职业道德，你将在生活中经历收入指数级的飞跃，即使到了退休的年龄也能享受一种有趣而冒险的生活方式！

综合技能发展工作表

作为财富创造者，你要非常熟悉你的资产负债表以及你的资产与债务之间的关系，这样你才能寻找并巩固赚钱的技能。债务、收入和资产构成了你的生活。

表 4.1 是财富自由系统综合技能发展（Compound Skill Development，CSD）工作表，它将帮助你发展和培养技能。你可以创造杠杆来撬动更大的收入，同时也产生创收的不竭动力，就像复合债务消除的工作表将复合利息加以反转，使你加速摆脱债务一样。

首先列举所有能够产生收入的资产。排在第一的资产当然是你的姓名。接下来列举你所有的核心技能，然后列举你可能拥有的能够产生收入的其他资产，比如出租房产、股票和债券等。再

表 4.1　综合技能发展工作表

收入描述	每月数额	主动/被动	线性/几何	技能	时间	积极面	安全性	便携式

接下来根据资产的价值或每月产生的收入来评估它们。你要考虑它是主动收入，比如工资，还是被动收入，比如通过出租房屋获得的租金收入。你的某些技能比其他技能更有价值。一项"便携式收入"的技能，比如自由写作，可能比某种能产生"非便携式收入"的技能更有价值，因为它给你更大的地域自由和发挥空间，而不是一份只能待在某个城市某栋办公楼里的高薪工作。

你还需要考虑某项技能是否具有影响力，是线性技能还是几何技能。一旦完成了这个工作表，你就能辨别哪些技能最有可能给你带来更高收入，并且使你能在 5 年内达到目标。当你重点关注这些技能时，你就会综合你的技能，充分发挥赚钱的技能，使收入呈现几何级数的增长。

交叉火力原则：创造财富的超光速推进系统

财富自由系统的交叉火力原则是减少债务的同时增加收入。这个方法起源于军事战术，是一种制造并施加压力的方式。

在战斗中，你绝对不希望自己面临这样的战局：你的敌人正从侧翼包围你，你受到敌人交叉火力的压制。这意味着你进入了死亡区。不幸的是，许多人的财务状况，使得他们好比深陷死亡区——他们陷入了债务和复合利息的夹击中。财富自由系统颠覆了这种情况，它将债务视为敌人，用复合债务消除系统将其压住，

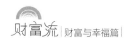
并且用收入增长带来的额外向前动力将债务彻底扼杀。

当你通过复合债务消除工作表减少了债务，同时提升你的强力技能，在市场上创造更大价值来增加收入，就制造了一个猛插敌人心脏的楔子，或者说形成了交叉火力，从两个角度解决问题。通过我们的财富自由系统原则 1，你将同步地加速偿还债务和创造财富。这会缩短你为钱工作转变到钱为你工作的时间，而且，如果你应用本书所总结的这些概念，这种转变会十分迅速。

交叉火力原则的基本理念是产生一种滚雪球的效应，通过同步增加收入和减少债务，将债务转化为财富，反过来为你创造财富的机器积聚更强的动能。你的生活成本与债务之间的差距，将直接体现到你的资产之中，而你的资产则将开始产生越来越多的现金流，使财富进一步实现复合增长。

增加收入加速了整个过程，好比将创造财富的方方面面都放进了一个超光速的推进系统之中，因为它都遵循书中阐述的公式，而且设置了比例。当你增加收入时，放进你的财富账户和偿还债务加速器中的资金也会增加！

不可不知的纳税细节

你要缴纳的税收，或许是你生活中的最大一笔支出。大多数人认为纳税是一种必不可少的支出，没有充分地考虑税务规划，或者没能优化他们的税务状况。财富创造者却知道自己需要努力提高税务效率。

大多数人每年40%的收入用于纳税，实际上，在美国，如果把城市、州和联邦的所有税收加起来，这个比例还要高得多，这对学习用一切可能合法的方式来减轻税务负担有很大的激励作用。因此你要乐于学习一切有关税收的知识，并且聘请优秀的税务专家来帮助你。

追求税务效率的方法包括采用公司、有限责任公司和信托等组织，知道正确地记录各种需纳税的业务以便进行合理优化，熟悉税法内容。

员工企业家可能从事一种兼职。兼职不仅使你有机会增加劳动收入，还能获得其他只拿固定工资的员工无法获得的税收扣减。C 类公司、有限责任公司或者其他提供资产保护和帮助进行整体税务规划的法律实体，都能提供更多的机会来优化税务效率。

寻求税务专家的帮助很重要。会计师知道可以采用的各种税收扣减，但那些专门研究合法的战略型税收规划的专家可能更加宝贵。除了学习有关税收的知识，还要做到不害怕为卓越的点子买单。如果你知道提出正确的问题，就能辨别收到的信息是好还是坏。

有人说，纳税是爱国主义者的一项义务，我不这么认为。我觉得，将税收负担降至最低，反而有助于我们将自己的资产直接重新投资到实体经济之中，在实体经济中，我们对自身的商业或投资活动有着更多的直接控制权。对于合法的税款，我们总是应当100%地缴纳。一定要正确地报告和披露，并且谨慎地对待税务方案的发起人，警惕不必要的复杂性。如果你不明白，就不要做。记住，你负有最终责任，你的律师或注册会计师只是为你服务。不管他们提出怎样的建议，你都有责任。

我刚开始做生意时，真的举步维艰。我不相信自己能够处理好各种财务数字。在我的印象中，为了成为一名优秀的企业家，我们必须外包和委托。我这种想法，是依据一条普遍的假设，那就是：我们应当只专注于我们擅长的事情，而让别人去做他们擅长的事情。

我的专业背景和涉及的主要专业领域是市场营销、产品开发、品牌化和产品定位。这就是我擅长的。多年来，我聘请了专家，希望他们负责会计、记账，甚至管理我的投资。过了一段时间后，我开始意识到了很多错误。专家们很少注意细节，最后，我为错误付出了代价，并导致了别人的错误。我发现，我对专家的建议太过信任了，加上事情太复杂，我不可能有条不紊地一一处理好。

最后，我开始接受这样一个事实：没有人会比我自己更关心我的公司或者管理我的资金。听起来很熟悉吧？

我咬紧牙关，开始阅读我能弄到的所有关于会计和税务规划的书。我和那些潜心研究税收的各类"书呆子"们见面交谈，强迫自己向他们提问和学习。随着时间的推移，情况开始好转。

如今我坚信，任何真心想了解会计和税务效率的人，都可以做到这样。如果你足够在乎，你会花时间去学习，越早做越好！

创业是高风险任务，但可以创造惠及几代人的财富

从历史上看，私营企业是财富的头号创造者。房地产通常排在第二位，再就是股票和债券等各类高收益预期的有价证券。

如果你想拥有指数级增加收入的潜力，你可以考虑创办一家公司，成为一名企业家。这是一项高风险的任务，从历史上看大多数公司都会破产，但现在创办公司比以往任何时候都更容易。创业的成本比从前低得多，而且初创企业的潜力巨大。过去，初创企业可能需要数百万美元的资金，才能正式启动。如今，启动资金的数额降到了 5 000 美元，甚至更少。这就是为什么会有这么多初创公司的估值达到 10 亿美元，例如优步（Uber）、爱彼迎（Airbnb）、企业聊天工具（Slack）等公司，因为它们能够首先启动创业并且证明其创业理念是可行的，然后通过私募股权、众包、

天使投资和风险投资等方式实现增长。

为筹集资金和发展而上市的公司越来越少；时代在改变，市场不再受地域的限制，也不再需要开实体店或者签一年的租约。获取信息、培训、知识和教育的途径是广泛的。

创业的关键是提出正确的问题。想清楚哪些问题需要解决，并且在你熟悉的利基市场中寻找商机。我就是按这个思路推出了一本简单介绍销售脚本的书，当时的市场十分缺这种类型的书，它着眼于一个没有得到解决的大问题，而且经证实，具有相关专业知识的人们也没能解决这个问题。我们客户的业绩突飞猛进，他们有些人以前从未成功过。后来，这为其他的"饥饿市场"和更多的增长打开了大门。

许多成功的公司最初是从简单的赚钱愿望开始起步的。要乐于尝试，别怕失败。

不要想马上成功，而应快速让市场测试你的点子

许多人由于害怕失败而止步不前。在新型经济中，成功的关键是迅速地将点子投入市场之中。你的目标不应该是成功，而应是快速让市场测试你的点子。

市场能够给你反馈：你每尝试一次，就将积累一些经验，这些经验也许不能在你当前所处的行业或创业中发挥作用，但可能

在你未来的领域中发挥作用。所以，这又回到了心态，你必须有韧性，愿意实验和尝试。失败是成功之母。这是财富创造者和财富自由系统实践者的心态。

创办企业为学习各种新技能提供了绝佳的机会，比如销售、市场营销、沟通技能、公开演讲、领导技能、项目管理等。**不要去做那种只为了支付日常开销的工作，而要去做那种能使你学习到新技能的工作。**

如果你的企业成功了，你的家人会受益，也可以给后代继承。你的孩子和孙辈在课余时间可以在你的企业做兼职工作，并开始学习宝贵的技能。发展并壮大家族企业还有许多的好处，你将创造一份可以惠及几代人的财富。

看一下你身边的情形。即使在你目前的工作或职业中，也可能到处都隐藏着发展机遇。埋头工作，专注解决问题和创造价值，才是正道。

笑对人生，鼓励他人，通过参加会议和培训研讨会来投资自己，读一些像本书一样主题的书。相信我，人们会注意到你。

T r u e   W e a l t h   F o r m u l a

第 5 章

财富大厦支柱三：
资产配置

让你的资产果园为你年复一年、
持续不断地产生现金流

戴维·M. 达斯特
（David M.Darst）

畅销书《巴菲特资产配置法》作者

TRUE WEALTH FORMULA

　　以前只有有钱人和聪明人才能进行资产配置，但现在每个人都可以轻松做到。资产配置可能看起来很复杂，但它本质上就是选择一个投资组合，其中的各项资产能够通力合作，让你的理性目标更加可行。

一旦消除了债务，你的收入就会增加，如果你运用财富自由系统原则 1 来管理你的劳动收入，你还将看到你的财富快速增长。此时，你要将关注焦点转移到现金流资产了。从此以后，你开始从为钱工作（劳动收入）转变成让钱为你工作（非劳动收入）。现在，假如你掌握了减少支出和增加收入的系统和控制方法，就有了余钱来为你的"财富大厦"构筑牢固的资产基础，使之发展壮大，并且创建强大的资产负债表。

构筑稳固的资产基础，从重建资产负债表开始。你得减少或消除债务。如果你确实欠了债，它们应当以现金流资产作为后盾。这意味着，假如你没有现金流资产作为后盾，就得尽量少欠债甚至不欠债。

正如我们在第 4 章的开篇时说过的那样，金钱好比种子。我

们要么吃掉它，要么种下它。我们的目标是来年尽可能多地种下种子，而现在要少吃或者少消耗种子。一旦我们吃光了种子，它就不复存在了。而当我们种下种子时，种子就有可能蓬勃生长，长成一棵棵果树，形成果园。

以正确的方式重建你的资产负债表，久而久之你就会拥有一个完整的资产果园，它会为你年复一年、持续不断地产生现金流。

像有钱人一样专注资产的保值和增值

人们经常说，资产使你的口袋鼓起来，而债务使你的口袋瘪下去。这听起来很有道理，接下来我们探讨得更加具体一点。如果我们回顾第 3 章中的"金钱属性图"（见图 3.1，P60），也许你还记得资产与债务的 4 个类别。让我们再来回顾一下金钱属性图，因为它是创造财富流程的核心。

图中的左上角是消费者债务，它没有在你的资产负债表上产生资产，只产生了债务，例如信用卡贷款。你的钱被过度消费彻底耗光了，你在资产负债表上没有留下任何东西。不管你买了什么，你要么将它用光了，要么用坏之后扔掉，只留下债务要偿还。我们应尽量减少消费者债务。

右上角是会贬值的资产。会贬值的资产的例子是先租后买的家具，它通过租赁协议产生了负现金流，是你的资产负债表上一项具有法律约束力的债务。当租期结束或者你全部偿清债务后，你用过的家具变旧，就只值原价格的一小部分了。汽车和游艇属于会贬值的资产，随着时间的推移，不但它们的价值在下降，而且还需要通过维护、税收、运营或存储费用来维持其正常使用。

　　如果你的债务是由会贬值的资产支撑，你永远无法积累财富，因为对放贷人来说，你欠他的债，使得他在资产负债表上通过复利来赚钱，而你却被你自己的资产负债表上的债务困住，这些债务让你损失金钱，同时，这些资产还在贬值。

　　左下角的第三个类别是能升值的资产，比如土地、不派息的股票、初创企业或者家族企业，这些能否升值，取决于市场行情。这类资产类似于赌博，并不能保证你一定能从中赚到利润，也不能保证你能够看准市场的时机并且在价格高点抛售，事实上绝大多数人做不到这样。能升值的资产的价值通常随着时间的推移而上升，但也不能保证你能把握住它们价值上升的时机。它们的波动性非常大，持有这些资产，经常会产生负现金流，类似于折旧的资产。

　　右下角的第四个类别是现金流资产，这些资产产生了持续的收入，这是最可靠的收入来源。现金流资产是有钱人年复一年地增加和复合增长其财富的资产。

那么，你要怎样安排资产，才能使之对你有利呢？你构建资产负债表，使债务最小化，资产最大化，就像人们在他们的个人生活中所做的一样。我们都有优势和劣势，但大多数成功人士知道如何最大限度发挥他们的优势，同时最大限度限制他们的劣势。他们通常是在知道自己无法完全还清所有债务的情况下，专注于资产的保值和增值，并且管理他们的债务。你创造财富的方式也得和他们一样，充分学习他们的优势。

一旦你开始产生盈余和可自由支配的收入，你就会想把它用于购买资产，从而产生更多的现金流。正是采用这种方法，有钱人"变得更加富有"，并且使财富复合增长，而你也想同样这么做。超级富豪特别擅长抓住那些随着时间的推移而升值的资产，这些资产要么当前会带来正现金流，要么通过租金、股息、利息、版税或许可费等方式带来被动的非劳动收入。

制造一台复合增长现金流的机器

我有一位客户，是个 20 多岁的年轻人。他的事业刚刚起步，专注于创建一个房地产租赁的投资组合。他通常接手需要现金才能完成的止赎案件，首先获得融资，完成交易，然后对房产进行修缮，最后把房子租出去。每个月的租金足以支付他的日常开支，包括抵押贷款、税费、保险和维修费等，创造了正现金流。与此同时，这处房产也因为从原本不适合居住的止赎房，变成了租赁市场上的天价房，实现了升值。

通过他的努力经营，现在他有两个选择：他要么坐收每月的正现金流，实现复合增长；要么选择在资产，也就是这处房产继续升值的情况下，靠它生活。

他复合增长现金流的选择包括进行其他投资，例如购买派发股息的股票或者收购另一处房产。对他来说，重要的事情不是吃掉或耗费掉他的种子，也就是说，不能花掉他从出租房产中获得的额外租金收入。

他必须重新种植种子。他目前拥有两处现金流良好的房产，第三处房产正在筹备中。他不是像许多人那样花掉这些钱，而是运用财富自由系统，将这些钱，也就是他从两处出租房产中获得的非劳动收入存入他的财富账户，接下来继续购买每个月派发股息或利息的资产，使得自己的资产和现金流完全自动地实现进一步的增长。

在他寻找下一笔房产交易，将其转化为出租屋的过程中，租金收入并不是躺在他的账户中毫无用处，而是一个月接着一个月地产生复利。这就是财富自由系统的方法。这只是关于如何配置资产与投资的诸多例子中的一个，向你展示了如何通过本书中概

述的原则来制造一台复合增长财富的机器，使之成为推动你迈向财富自由的动力。

你的"自由数字"是多少？

一般来讲，现金流资产本质是被动的，而这就是我们想要关注的，就像有钱人做的那样。你要通过构筑一个牢固而稳定的现金流资产的基础来增加你的非劳动收入。一旦现金流资产的基础稳固，你就处于更加有利的地位，可以利用短期的市场机会快速赚钱，投机能升值的资产。

例如：在房地产市场处于低谷时买房，在房地产市场处于高峰时卖出；在股票市场崩溃时购买高质量的派息股票；或者收购其他高质量的不良资产。

你的首要目标是实现非劳动收入与劳动收入相等。在财富自由系统中，我们称这个金额为你的"自由数字"。当你从被动现金流投资中获得的收入与从劳动中获得的收入一样多的时候，那么，你迈向财务独立的转折点也就出现了。

如果你因为某种原因无法正常工作，不管是一天、一周还是一个月，你也有稳定的收入。这就是你的目标，转化成你的优势，这是真正的财富自由必经之路。当你不必工作，但稳定的收入仍可维持日常开销，你才算初步实现自由。

盘点资产负债表：收入和负现金流分别如何产生？

为了开垦一座"财富果园"，使之为你月复一月、年复一年地"供给果实"——产生现金流，我们首先需要盘点一下我们现在的资产、债务等各方面的情况。同样，首先列举出你所有的资产和债务，并且辨别出哪些是产生收入的资产，哪些是产生负现金流的资产。

与收入支柱一样，你先要在资产列表上写下你的姓名。其他的资产包括房产、派息股票和债券的投资组合，或者你出借给别人而且别人向你支付利息的担保贷款。另一些资产可能是存款单、赚取利息的储蓄账户等。为了完整呈现你的资产和负债，所有资产信息越完整越好。

严格来讲，你藏在保险箱里的贵金属也被认为是资产，但它们不能为你带来收入。它们是潜在能升值的资产，是一种投机，通常具有负现金流的特征，类似于持有土地。这些能升值的资产需要花钱来维持和拥有，比如服务费、存储费用、交易费用、租金和税费等，从某种意义上说，需要花钱维护的资产短期内应该算作会贬值的资产。不管它们是什么资产，都一一在表 5.1 中列出来。请注意，资产和债务是随市场条件变化的，所以当市场发生改变时，应及时更新自己的资产负债表。

表 5.1　资产负债表

资产 能升值的资产、会贬值的资产、现金流资产等	债务

　　你要保证表 5.1 上包含了你所有的资产和债务，切记不要落下任何一项。

　　如果你观察《财富》杂志上类似于苹果或微软这样的世界 500 强公司，它们拥有被金融业称之为堡垒般的资产负债表。它们的现金流规模庞大，债务很少，资产雄厚。它们通常拥有重要的无形资产，比如知识产权或市场商誉，或者坐拥资本效率高的资产，这些资产很少会过时。它们的资产负债表非常"牢固"，使之能够经受住经济衰退的冲击，甚至在经济衰退期间变强。不管经济是否萧条，它们的市场份额都在增加，因为其产品总是有需求的，这就是在正确的时间以正确的理由购买"蓝筹股"时，这些股票经常能够出色地胜任每个投资组合的原因。

在财富自由系统中，我们想用类似的方式评估我们自己的资产负债表，着力构建堡垒般的资产负债表，减少并消除产生负现金流的资产与债务，并最大限度增加产生正现金流的资产。

从错误中获取尽可能大的价值

每次失败经历，都是一次学习的过程，也是你接受的理财教育的重要组成内容。当失败或错误发生时，要学习从它们中提取最大的价值。我称之为"交学费"。**如果你想将失败转变成你的资产负债表上的资产而不是债务，就必须学会从错误中总结经验，使之为你所用。**

如何做到这一点？将它们用日志记下来，并确保你能从每个错误中获取尽可能大的价值。你可以充分利用自己所犯的错误：增长见识、磨砺技能、获得经验、扩大人脉。

即使你创业失败了，你也建立了宝贵的人脉，将来会对你有所帮助。他们中的某个人也许将你引荐到另外一个人面前，后者最终成为你的下一个业务合伙人，你们两人或许共同创办一家产值数百万美元的公司。

如果你拥有正确的心态、良好的策略和处理失败的积极方法，事情会朝着有利于你的方向发展。

收入增加资产，资产反过来增加收入

大多数人都被困在收入和支出的闭环中。他们的劳动收入无法满足自己的支出，这使得他们陷入了困境。他们通常过着入不敷出的生活，最后债台高筑。这个闭环是一个永远没有尽头的下行螺旋。随着时间的推移，尽管他们的收入可能增加，但开销和债务也同样增长。当他们获得一些资产时，常常产生负现金流，例如贬值的或投机性升值的资产，导致用更多的劳动收入去填补财务负担。

我们想要重新构建这个闭环，让收入增加资产，而资产也反过来增加收入。我们通过减少支出，增加收入，并且用收入与支出之间的差额来增加我们的资产。这就是制造一台能够创造财富机器的本质。

资产负债表上的资产应产生正现金流，增加你的非劳动收入。当你的收入增加，债务减少时，你会用省下的收入来构筑你的资产基础。你不要增加支出或举债购买投机性资产，这是大多数人正在做的，相反，遵循财富自由系统。

你要反其道而行之，着力积累正现金流资产。

这是你成为投资者而不是赌徒的方式，它将向你指明，你通过什么样的方式将自己从错综复杂的金融行业和谣言中解脱出来，并拥有自己的独立见解。

当你按照财富自由系统的模型为正现金流重新构建你的资产负债表时，就开始积累创造财富的势头了。我将其称为资产滚雪球或财富复利机，在这里，**由于资产结构的自动化和复利效应，实际上每个月你都有不断增长的现金流。**

你和你的家人在市场调整、波动和混乱中变得很有弹性或者"抗脆弱能力强"，因为你的资产持续产生正现金流，让你每个月、每个季度和每年都更富有和自由。这也是"有钱人变得更加富有"的原因。

你这么做的时候，你拥有的财富就开始成为"聪明的钱"而不是"愚蠢的钱"的一部分，这是引用华尔街的说法。你开始建立一个现金储备库，这些储备来自你的强势地位与力量，源自你能够"在市场血流成河的时候买入"。在其他人害怕的时候，你有勇气行动，才能去一般人到不了的地方。

如果你受困于负现金流的投机性金融产品，有赖"专家"告诉你怎么做，依靠稳定的个人收入来支付持续的投机费用和支出，你就无法做到这一点。

财富自由系统原则 2：资产配置法

现在，我想告诉你怎样管理财富账户中日益增长的资产，以及为实现最大的安全性、发展积累财富的势头和分配资产。

记住，在财富自由系统中，我们通过比例和公式来管理资金，而不是根据金额的多少来管理。我们像世界顶级投资者和有钱人一样，使用基于规则的系统。现在，让我们继续看看这种策略是如何应用到我们的财富账户中的。

回忆一下财富自由系统原则 1，也就是我们 10%-10%-10%-70% 的公式，它帮助我们管理自己的劳动收入，控制支出或消费，走出债务泥潭，开始创造财富。

财富自由系统原则 2 是我们的资产分配方法，它是我们的第一个顶级风险管理公式，用于管理我们的非劳动收入或者我们的财富账户中的资金和其他资产。

在财富自由系统中，我们的财富自由系统原则 2 模拟了银行业的方法，是一种精英的资产分类与资产配置的方法。

一级资产：流动性资产

一级资产（T1）：银行拥有的一级资产，主要是现金或者类似于现金的金融工具。它们都被称为流动性资产。在财务自由系统中，我们确保拥有健康的一级资产。

银行会进行压力测试和审计，以便评估他们的一级资产流动性水平，确定他们应对金融危机的能力。自 2008 年全球金融危机之后，世界各国的政府对本国银行确定了各种不同的要求，以确保各银行保持健康的一级资产水平。

在会计术语中，一级资产被称为流动性资产。它们往往是短期的、流动的，或者可以在 12 个月内变成流动性资产的资产。在会计术语中，长期资产通常被称为固定资产。高流动性的资产可以是银行储蓄、货币市场账户中的现金、短期存单、短期政府债券、贵金属，甚至是出于正当理由持有的加密货币资产。

贵金属具有高度的流动性，有史以来，就一直充当着价值和货币的储存手段。中国人发明的纸币最初是由某种硬资产（如白银或黄金）支撑的。

仅凭对政府信用的信任而发行的纸币，是一种较新的发明。1971 年，当美国总统尼克松将美元与金本位脱钩时，美国采用了这种纸币。在 1971 年以前，美元可以按固定汇率兑换黄金或白银。

第二次世界大战结束后，作为布雷顿森林协议（Bretton Woods Agreement）的一部分，美元成为世界储备货币。因为第二次世界大战后，美国是全球最强大的国家，并且愿意用贵金属来支撑自己的货币，所以世界对美元充满信心。这使得美国在全

球贸易和国际金融交易中获得了巨大优势。

那些没有世界储备货币的国家则无法无限量地印刷货币。

退出金本位制，美国从 50 多年前世界上最大的债权国，变成如今以债务为基础经济的债务国。这是一个冒险的实验，很可能将以货币危机（甚至信任危机）而告终，从而导致新的全球储备货币体系的产生，该体系将再次得到硬资产的支持，以重新获得公众信任，并平息随之而来的混乱。可悲的是，这种模式一直在人类历史中反复上演。

历史上，富有的家族、银行（尤其是中央银行），以及国家，都持有一定的黄金储备，将其作为一级流动性资产的一部分。

你要在资产负债表上拥有健康的一级资产，因为市场总是有起有落的。那么你应当总是持有一定现金，也就是投资界所说的"干火药"。当市场崩溃的时候，你就需要这些"干火药"了。这是你能在市场调整或崩溃时迅速做出反应，以便充分进行优质交易的唯一途径。

金融大亨洛克菲勒（Rockefeller）曾说过："在市场血流成河的时候买入。"这句话的意思是，最好的买入时机是恐慌时期，那时，人们认为我们熟知的市场即将崩溃，资金流动性枯竭，资产价值会暴跌。如果你手头没有一级资产，就无法抓住这些机会，"在市场血流成河的时候买入"。

标准的投资顾问会建议你存一些"应急"的现金，比如说，留存半年的生活开支。财富自由系统让你自行决定这些现金的用途。显然，你要随时留一些应急的储备金，这是常识。但是，更大的愿景和目标是管理你的财富自由系统的财富账户以及里面的这些资金。

财富账户不是"储蓄账户"，不然你想买东西的时候就会将这个账户"洗劫一空"。财富账户中的资金，不是一笔当你的生活变得有困难的时候就动用的"紧急基金"。它也不是为了你"退休"而准备，至少不是我们现代社会和文化所定义的退休。它是为了制造你的创造财富机器和积累财富的资金。它能为你的退休生活提供保障吗？当然，但应当远不止这些。

当你遵循财富自由系统的模式，着重关注现金流资产时，就不会依赖"紧急基金"，因为你已经有了非劳动收入。

你会更加关注一级流动性资产的比例，也就是"干火药"，并且进行"对冲交易"——再强调一次，这就是构建你个人的堡垒般的资产负债表。

二级资产：投资性资产

二级资产（T2）：二级资产是你的现金流资产，它们应该占你资产负债表上所持资产或净资产的大部分。二级资产的一个例

子是持续产生利润的成熟业务。它可以是一项主要的业务，不但为你提供工资，而且每年给你带来利润，或者，也可以是一项你和别人合伙的业务，你在其中是一名被动投资者或有限合伙人。再说一次，二级资产的关键特征是它们产生稳定的现金流。它们可以是主动的，也可以是被动的，但我们的目标是被动资产，在被动资产上，我们可以利用我们的时间产生复利。

二级资产也可能是你持有的核心投资中的一部分，比如派息股票、交易型开放式指数基金或者封闭式基金。它们不应当是投机的资产。派息的蓝筹股、市政债券的投资组合、长期或短期的政府债券，或者公司债券等，这些可能都是二级资产。

本票、以基础资产为担保的贷款（如以基础资产的第一信托契约为担保的房屋抵押贷款）、版税或知识产权的许可费，也可以被列为二级资产。

三级资产：投机性资产

三级资产（T3）：三级资产是能升值的资产，在本质上是投机的。它们可能直到将来的某个时候才会产生收入或股息，也可能永远不会对你的现金流做出贡献。它们也许是更高风险的成长型股票或者房地产，这些资产的价值有升也有降。三级资产具有赚取收益的潜力，但这些收益需要缴纳资产收益税，不过，在你出售它们之前，它们的价值仍然是未知的。

有些资产可以归入多个类别，这取决于你在获得这种资产时的目的。你可以持有贵金属作为一级资产的一部分，但假如一段时间后它们的价值上升了，则可将它们视为三级资产。或者，你持有一只派息股票，也许它的价值也在随着时间的推移而升值，原本持有派息股票最有可能被归入二级资产，但如果你认为这家公司具有更大的增长潜力，而不仅仅是为你带来收入，那么，你可以将派息股票重新归类为三级资产。随着经验的增长，你将学会更好地将资产归类。资产归类不是一成不变的，对于不同的人，同一类资产也会被划分成不同类别。

非传统的资产配置法

我们之所以将资产分为三级，是因为不希望自己陷入这样的情形之中：我们没有了流动性资金，或者在不知情的情况下将资产过多地分配到了有风险的、投机性质的、产生负现金流的资产之中。我们总是追踪和关注我们的财富自由系统原则 2 的资产配置法。把你的现有资产想象成银行，你是出借方而不是借入方。这是财富自由系统的核心思维和理念。通过执行这些理念，久而久之，你将开始挑战自我，为你的家庭和社区构建一个资源仓库，并且创造你的财富。

我们使用财富自由系统原则 2 的资产配置模型，还有另一个原因。财富自由系统看待资产配置的方式与一般的理财规划师和投资行业不同，传统理财规划师在进行资产配置时通常只考虑股票、债券或保险。

大多数专业人士没有执照，也不能从销售"非主流"资产中获得佣金，所以，你从传统理财规划师那里得到的建议，通常仅限于股票市场，而没有考虑到其他重要资产，比如高质量的房屋、产生正现金流的成功企业，或者贵金属等。

但是，财富自由系统原则 2 处理的不仅是更广泛的资产配置。它是财富自由系统特有的，很大程度上是由于人性对投资结果的影响，它帮助我们将注意力集中在某资产类别的主要特征以及我们在资产负债表上持有某资产的原因上。这种更高层次的重点关注，为我们的财富积累带来了额外的安全性和保障，也产生了现金流，积累了创造财富的势头。

资产配置法的具体分配比例

我一般提供财富自由系统原则 2 的资产配置比例如下，意味着你也可以随着资产越来越多，以这种方式将资产分配到你的财富账户中。这种做法还向你表明，你开始建立一个每月复合增长的资产基础，让你一年比一年富有，而不是一年比一年穷。

> » 一级资产，现金和类似现金的资产（流动性）：10%

> » 二级资产，现金流资产（投资）：70%

> » 三级资产，能升值的资产（投机）：20%

你会注意到上面使用的一些关键措辞：流动性、投资、投机。这些措辞是财富自由系统原则 2 的资产配置法独特的核心术语。它们对所持资产的关键特征进行了明确区分，使我们能够开启非常重要的风险管理过程。

当你看着财富自由系统原则 2 的资产配置比例时，你会发现，获得用于投机的三级资产的最大关键是，先要获得一级的流动性资产，然后获得二级的现金流资产。大多数人总是错误地追逐高风险的投机，他们却认为是投资，而根据统计数据显示，许多投资者在把握市场时机方面绝对是糟糕的。这并非偶然：因为金融行业将那些实际上是投机或赌博的产品包装成"投资产品"来出售。缺乏风险管理的意识，并且没有重点关注这个方面，是专业投资者和业余投资者之间的最大区别。

财富自由系统原则 3：投资的 5 条金规则

财富自由系统可以帮助人们成为成功而自主的投资者。他是一种总策略，要求我们对目前的财务状况、将来的财务安全以及财富的创造过程负责，而不是盲目听从他人的意见。他鼓励我们每个人肩负起完善资金管理和提升投资技能的责任。

承担责任的一部分，需要对自己的个人投资技能进行清醒的评估，这意味着你还必须评估自己的情绪和对风险的容忍度。

有些人比其他人更加厌恶风险。不愿冒险的人可能拥有较高比例的一级资产，而没有三级资产。了解你对风险的容忍度以及你的能力和技能，有助于你做出财务决策。你已经在努力地为钱工作，因此，重要的是诚实面对风险和你所拥有的理财知识。

现在，我们将探索一些概念和规则，帮助管理个人投资组合或头寸的风险，让你过上量入为出的生活。还记得吧，我们使用财富自由系统原则 2 对我们的财富账户进行整体资产配置。后面，我们还要深入研究个人投资组合或头寸，在这方面，我们的财富自由系统原则 3 将讲述更加具体的内容。

我将和你分享 5 条投资规则，假如你将它们运用到你的投资决策中，也能使你避免灾难性的亏损。这听起来也许有点夸张，其实不然。如果你了解了自己学习这些简单规则后的收获，并且知道了如何在你做出的每一个投资决策中遵循这些规则来避免灾难性的亏损，你就会非常认真地对待它们。这些规则构成了我们的财富自由系统原则 3 的风险管理的核心基础，应该牢记。

投资金规则 1：保护好本金

这条经典的规则看起来像是常识，但它是首要的规则，目的是提醒我们，拿着我们辛苦赚来的钱进行投资时，要谨慎地思考，适当地评估并理解了其中涉及的各种风险。

不过，这并不意味着你永远不会亏损。事实上，专业投资者和业余投资者之间的一个重大区别是，业余投资者讨厌亏损，所以他们的心情会随着失败的投资一路下跌。业余投资者通常在市场周期的底部卖出，而专业投资者则会有条不紊地决定止损点，退出投资，随时准备转向其他投资。**专业投资者愿意承受小损失以避免大损失，正所谓"丢车保帅"。**

保护你的本金，其实就是尊重你的本金。你需要搞懂，你花了多少精力来省下所有这些本金，以及需要多少时间再赚这么多钱。这涉及避免灾难性的亏损，不同年龄的人承担风险的能力是完全不同的。你得知道，当你为一项特定的投资而决策时，你也在为另一项投资决策。

换句话说，你应该对自己提问：我的金钱和我的时间的价值是什么？还有什么其他的投资选择吗？如果我承担了比我应该承担的更大的投资风险，我为什么要这样做？投资的真正风险与感知的投资风险有什么不同？对这个投资点子，我有什么其他的替代选择吗？投资的最终回报是什么？

学会与财务顾问合作

这里的底线是对自己的财务完全负责。如果你不保护你的钱，没有人会替你保护。永远不要臆想理财规划师会考虑到你的最大利益。他也许是个经验丰富的好人，也绝不是骗子，但到了紧要关头，人性决定了他会首先照顾好他自己和他的家人，而这也正是你应该做的。冲突是存在的，保持一种积极的怀疑态度，对你的财富和生存至关重要。

如果你打算聘请专业理财顾问，至少要确保他们是符合更高的法律标准的受托人。同时，你一定要清楚地了解他们的赚钱模式和商业模式。例如：是基于管理费，按他们管理的资产的百分比来提取佣金；按推荐人数计酬拿奖金，还是以上的方式都采用？确保每件事都是公开透明的，并且你理解它。我已经记不清自己有多少次让"受托的"专业理财人士来解释他们收取佣金的金融产品。优秀的财务顾问值得聘请，你聘请他花的每一分钱，都花得值，特别是当你不想或没有时间管理自己资产的时候。但他们中的优秀者不容易找到。

最后一件事：如果你要请理财顾问，必须保持投入！你必须站在他们的面前，至少每个季度都要当面了解他们的最新情况，向他们提问，建立牢固的关系。要注意听他们说话，了解哪些东西他们没有说，目前到底发生了什么？不要害怕请他们向你解释，并且要确保你正在阅读的报表和报告是合理的、有意义的。如果这些报表和报告看上去不合理，那就打电话问原因！你必须让他们负责。我要重复一遍，永远不要让自己以为或感到，比你聪明的人会比你自己更好地保护你或者你的钱，即使他们确实保护了你的钱，你也不要放松警惕。记住，保护资产并使其增长，是一种与赚钱不同的技能，而这种技能的一部分在于你细心地审查并且让理财顾问对其负责。

投资金规则 2：投资你了解的领域

规则 2 很重要。如果你没有了解你要做的事情，就别去做。绝不要仅仅因为你最好的朋友告诉你这是个好点子，你就去投资它。即使专业的理财顾问根据你的年龄、目标、风险状况等因素建议你把钱存入某个基金，也一定要么弄明白你将投资的基金主题，要么将投资的规模控制到可以使你"交最少的学费，学最多的东西"的地步，这样的话，你就可以掌握内部的情况，依照学习曲线来学习，并在扩大投资规模前更好地了解各方面情况。

要意识到，即使你认为自己完全了解投资情况，但可能还有更多的东西你不知道。事情往往不像表面看起来那样。我们认为我们掌握 100% 的信息，或者以为我们的推理是可靠和准确的，但通常情况并非如此。投资的时候，未知的总是比已知的多。

还有另一个需要考虑的因素，那就是用枯燥的现代投资组合理论不能概括投资中的风险。其实，我们并不知道我们真正的风险容忍度是多少，因为我们不知道真正到来的风险是什么，也不知道如何测量它。当涉及资金管理和投资时，使用一个基于规则的系统，是相当重要的。从严格意义上讲，积蓄代表着你生活中储存的能量。

我有一位好友在金融行业工作，他十分聪明。有一天，我们俩探讨"零风险"的投资，他列举了一些没有风险的投资类型。

从财富自由系统的角度看，有保证的或者无风险的投资是不存在的，只有实际风险和感知风险的区别。当大多数人说零风险的时候，他们真正的意思是，他们没有感知到风险。

人性和认知偏差往往与常见的和熟悉的活动相关联，那些活动受到了公认的权威人物的认可，或者是我们以为将其控制为低风险或零风险。然而，我们也会遇到感知风险低但实际风险高的情况，或者相反，感知风险高但实际风险低的情况。

搭乘汽车是个绝好的感知风险低但实际风险高的例子，因为汽车太常见，当我们坐在车里的时候，会感觉汽车在地面奔跑是完全受控制的，但每年都会有数百万人搭乘汽车发生交通事故；乘坐飞机则是感知风险高但实际风险低的例子，许多人害怕坐飞机，因为感觉飞机飞上天空以后就缺乏控制，但统计学显示，飞机发生事故的概率远远低于汽车的。乘坐这两种交通工具出行与真正的风险无关，全都是感知风险。

一个感知风险低而实际风险高的投资例子是，当某个市场经过多年的增长达到顶峰时，例如 2007 年的美国房地产市场，你认识的每个人都在赚钱，你看到的每个地方都是一片繁荣景象。新闻媒体的头条都在播报："你永远不会在房地产上亏钱，你知道的，地皮资源只有那么多，这是人们造不出来的！"我们往往通过社会信号来验证和确认我们的认知偏差，当这种情况发生时，就降低了我们感知到的风险。然而，在这种情形下，实际风险往往比我们感知到的高得多。

反过来也一样。当某个市场崩溃了，见底了之后，人们不想再碰它了，因为他们在上一次崩溃中输得精光。他们内心的恐惧感仍然十分浓烈，这使得感知风险很高，而实际风险很低，因为已经没有下跌风险了。这可能是一种近期偏差（recency bias），仅仅因为它是最近发生的事情，便使得我们相信风险比实际高或低，而从统计学上分析，相同事件迅速地再次发生的概率非常低。尽管它是可能发生的，但可能性很小。风险管理就是理解和管理感知、概率和可能性之间的差异。

这里还有另一个例子。我的家乡夏威夷岛上有一座活火山，人们在这座火山上建造房屋，成立社区，因为有些特定地区的火山儿十年来都没有喷发过，也没有威胁到我们的家园。感知风险较低或者接近零，因为火山最近几十年没有喷发过。然而，就在2018年，火山来了一次大喷发，摧毁了数百间房屋。突然之间人们都被吓坏了，因为最糟糕的事情已经发生。但实际上，火山喷发的风险一直是存在的。事实上，既然火山真的喷发了，在同一地区再次发生这种事的实际风险可能会降低一些，但现在感知风险非常高，许多人不会在那个地方重建自己的房子。

记住这条财富自由系统规则：**说到投资，没有什么事情是零风险的，我们只能在投资中进行风险管理。**

第三方抗风险的情况总是存在，在其中，另一方可能破产、不兑现承诺或者操纵市场价格。即使是美国联邦存款保险公司（Federal Deposit Insurance Corporation，FDIC）的银行账户也有风险。银行资不抵债、政府破产等，这样的事情的确发生过，尽管不常发生，但它过去确实发生过，而且，在未来的某个时刻也可能再次发生。

这条规则的唯一一个例外就是还清你的债务。如果你欠了一笔债，平均利率为10%，而你早早将它还清了，那么，你没有支付给放款人的每一分钱的利息，都保证为你的投资而不是放款人的投资带来了10%的回报。这是唯一的零风险"投资"，因为我们事先知道100%零风险，而且是有保证的100%。

事实上，一些欠下大量坏账的人可能考虑修改财富自由系统原则 1 里面 10%-10%-10%-70% 的比例，将其中的 20% 用于加速偿还债务，在还清债务之前，先不考虑将钱存入财富账户，等到债务还清之后，再将这个 20% 的比例全部存入财富账户。

你可以自己使用计算器算一算，决定哪个选择是最好的，到底是加速偿还你的债务，还是投资现金流资产来冒险，又还是在能升值的资产上投机。

投资金规则 3：从小做起，逐步做大

首先寻找小规模交易的机会。对于某些类型的投资来说，这可能比较容易做到。例如，申请一个证券账户，购买几手派息的蓝筹股，是很容易的。这样的话，你就有机会观察随着时间的推移股市会发生什么，注意是什么使股票价格上涨或下跌。你能在低风险的交易中学习经验。

如今，在美国做网络放贷的风险也很小。如果你身处美国，可以很容易地从点对点网络借款开始，在其中，你只需 25 美元，就可以创建一个账户。向人们发放贷款并赚取利息，是从小业务开始做大的好机会。它使得你从金融体系的门外汉变成行家里手。

借助财富自由系统的思维模式，把放贷期间发生的所有事情都记下来，以便你犯了错误时，能够弄清自己错在哪，为什么会错。

通过学习一切你能学习的东西并参考你做的笔记来指导未来的交易，你将从自身的经验中提取最大的教育价值。记住：**你本人就是你的资产负债表上的最大一笔资产。**

从小业务做起，然后逐步做大的另一种方式是合伙制。它们是进行房地产投资、房产出租或者创业的选择，并且让你有机会向经验更丰富的合作伙伴学习，这有助于降低你的风险。

一条经验法则是，当你进行一项新的投资时，总是尽可能从最小的投资金额开始。你的第一次经历，很可能是一次学习的过程，因此，你要花最少的学费来获取最大的教育价值。我总是把第一笔投资当作交学费。我从不期望事情进展顺利，这个过程中也许我会被骗、获得错误的信息、选错时间、误解别人，或者我抱着不切实际的期望等。如果你能遵循这条法则，即使有什么问题，也不是那么严重，因为你学到了一些有价值的东西，还能把学费降至最低。

投资金规则 4：低估买入，高估卖出

分配指的是你资产配置的额度。它要求你注意你的资产负债表上的投资进展情况，不论它们是带来了正现金流，还是形成了上涨或下跌的趋势，又或者它们的基本估值发生了变化。随着时间的推移，大多数投资都有回归均值的趋势，这意味着它们会经

历价格偏低或偏高的时期。你要了解市场趋势和情况，以及某个资产类别或行业何时变得过热，通常是在每个人都在谈论它、每个人都认为它是个好主意的时候。例如，2007 年前后，"你在美国房地产市场中绝不可能亏钱"，此时，你要开始缩小房地产投资规模、重新分配资产，或者转行使你的利润进入另一个被低估的市场或部门，找到一个新市场的上升趋势。

你分配投资金额的方式，无论是分配在一级资产、二级资产，还是三级资产中，都与你的性格有很大关系。财富自由系统原则 2 是：将投资总额的 10% 分配在一级资产中，70% 分配在二级资产中，20% 用来投机三级资产。取决于你的个人情况，你分配的金额比例可能会不同，但你要在脑海中牢记财富自由系统原则 2 的比例，并且根据市场的情况变化重新寻求平衡。

投资金规则 5：制定退出策略

也许专业人员和业余人员之间的最大区别就是前者往往制定了退出策略。大多数人在投资时，很少会考虑何时终止投资。在你进行投资之前，知道何时卖出和何时买入同样重要。

在你致力于投资之前，确保你知道退出策略。如果你和别人合伙，而且对这样合伙投资感到兴奋，也要通过买卖条款来规划好退出策略。与管理股票投资组合相比，合伙投资需要一套不同

的退出策略。每种投资都需要对应的退出策略。要经常问自己如何以及何时结束投资。

投资像股票这样的公开交易证券，我们使用特定的止损策略来设置我们的退出点，我们在进行投资之前就已经计算出止损点。投资房地产的话，你得考虑其他因素，如总租金乘数比、利率趋势、上市时间、库存比率、多重报价或价格下跌等，作为你的指标和退出策略。

避免情绪化的决策

如果你遵循前 4 条投资规则，特别是规则 2 和规则 3，你将进入一个不断学习的过程，在此过程中，你将学到更多知识来处理规则 4 和规则 5。拥有一个规则的系统，有助于克服情绪的波动，特别是当你在鸡尾酒会上得到一个令人兴奋的消息或者碰巧看到一些令人沮丧的新闻。尤其要避免基于恐惧或兴奋而做出情绪化的决策。

统计数据表明，大多数个人投资者在涉及资金时都做出了糟糕的决策，而如果把佣金考虑进来的话，职业的基金经理通常也好不到哪里去。

这取决于我们每个人怎样自学，并制定自己的不可人为变更的规则来管理我们的投资，包括怎样投资和何时投资。

找到适合自己并擅长的投资领域

你的资产负债表上的资产类别，并不一定局限于股票和债券，这两种投资类别是受到传统的金融规划师青睐的。人们的性格和生活方式都各不相同，因此，资产负债表也迥然不同。

股票和债券可能适合某些人，而另一些人也许更喜欢投资于看得见、摸得着的东西，比如房地产。也许你有一位家人在市政债券的投资方面经验丰富，可以帮助你管理一个债券投资组合。有些资产比其他资产复杂，这反而更吸引某种性格的人去投资。自由、安全感和成就感也是因人而异的，这导致投资和管理资产负债表的方式各不相同。传统的财务规划和现代投资组合理论给每个人指出了相同的道路，而没有考虑背景、性格、价值观或生活方式的偏好。

财富自由系统着眼于宏观层面，并且以个人投资者为核心。他提供了一种模型，使我们能够了解我们自己和我们的个人气质、技能与情感构成，并成为我们自己这艘船的舵手和指挥官。即使我们邀请了理财专家，我们自己也要理解正在发生的一切，并知道如何向理财专家提出正确的问题。如果某件事偏离了轨道，我们应该识别它并做出纠正。即使我们不能直接解决问题，我们也有责任去发现问题。

参与股市的基本常识

对于公开交易的股票和债券，你需要知道 3 件重要的事情：

1. 基本面或估值告诉你买或卖什么。

2. 诸如价格、成交量和趋势等技术指标告诉你何时买或卖。

3. 头寸规模（在每次投资或投机中分配金额）告诉你买或卖多少。

基本面和估值与你所投资的公司的潜在健康状况有关。

记住这一点：你不是在交易股票和债券，你是在买入某家公司的一部分。你是否了解这家公司？如果我进行小额投资，我只会试一下水，把注意力更多地放在某个呈现了趋势的市场之上。我投资金额越大，就必须进行越深入的尽职调查。我想知道这家公司的财务状况、资产负债表、现金流、收入报表、派息率、资本效率、管理层的业绩记录、品牌优势，以及商誉等。我还想考虑该公司对技术颠覆的敏感性。当我们根据基本面和估值做出投资决定时，就会利用各种消息源来研究这家公司的上述信息。

如何定义趋势？在股市中，你可以关注带有移动平均线的价格与成交量图表。9 天和 20 天的移动平均线告诉你短期的趋势，50 天的移动平均线使你了解中期的趋势，200 天的移动平均线是公认的长期趋势线的指标。你还要关注类似于更高的高点（上升趋势）与更低的低点（下降趋势）的对比，并且关注突破点（某只股票的价格创下有史以来的新高）。

记住，股票价格不会一直上涨或一直下跌，因此，在较长的趋势之中，也可能有一些短期的趋势。你还可能有一些交易区间，例如股票在不同的支撑价格和阻力价格之间来回波动，但这本质上是一个盘整或无趋势的状态。

通常，当股票无趋势运行一段时间后，最终会选择向上或向下突破。还要记住，大盘或板块的整体趋势对个股的趋势影响最大。这意味着，即使你购买的股票有着良好的基本面，并且已经处在上升趋势之中，但是，如果股市进入调整阶段或熊市，你购买的股票也很可能受到整个股市方向的严重影响。

头寸规模决定我们将多少资金配置到某只股票上，这是我们用于管理风险和分散投资的财富自由系统原则 3 的一个关键方面。一条简单的法则是首先不超过总资产 5% 开始。举个例子，在一个 10 万美元的投资组合中，你在任何一个头寸上的投资都不要超过 5 000 美元，这样的话，你的风险就会分散到 20 个不同的头寸之中。一种更先进的方法是使用基于波动性的头寸规模，本质上是将更多资金配置到波动较小、更安全的头寸上，而将更少资金配置到波动较大、风险更高的头寸上。这和大多数人的做

法正好相反，许多人把更多钱投入最令人兴奋的"投资"中，过度投资投机性的产品，往往导致严重亏损。

投资类型是多种多样的，财富创造者要会区分这些投资类型，不被所谓的高额回报诱惑。这么做的目的是让你了解投资的本质，根据本书概述的财富自由系统的各项原则来正确做出投资决策，以便准确区分投机和投资，也让你熟悉如何辨别购买的是投资产品，还是背后有什么陷阱和风险的投机产品。

进一步选择最佳资产保护策略

随着时间的推移，你的财富账户和资产基数或财产将增加，因此，保护自己免受诉讼等威胁就变得非常重要。你需要咨询专业的、有资质的资产保护顾问。你的资产负债表上的资产类型的细节和特征，包括业务、财产或其他投资等，将决定你如何选择最佳的资产保护策略。可选的资产保护策略也许是实体，如信托、有限责任公司和企业等，也许是保险，或者两者的结合。如前所述，税务规划也是一个保护资产增长的重要工具，它确保你的业务构成能够合法地使税务负担最小化。

第 6 章

财富大厦顶层：
家族办公室

"真正的财富"如何为子孙后代

提供目标和意义？

—— 毛丹平博士 ——

畅销书《金钱与命运》作者

TRUE WEALTH FORMULA

相比个人理财而言，现在我专注家族财富，这个时候的家族幸福目标成为最终解，它大过了个人意志。家族财富管理关注生生不息的人口和财富，关注财富的跨代增长和传承，关于家族办公室我提出两个关键指标，分别是"不会衰败的家族"和"不会消亡的财富"。

这一章阐述我所谓的"努力创造财富的原因"：为什么我们要劳心费力地使用财富自由系统来制造一台创造财富的机器？为什么我们要挑战自己来成长和学习新技能，以提高我们在市场上的价值和解决问题的能力？为什么我们明知失败的风险如此之高，失败之后可能十分痛苦，却还要开始新的冒险和创业？当我们身边的人都说炫富更有趣的时候，为什么我们还要控制支出和限制消费呢？为什么我们为了储蓄和投资，要做到生产大于消费呢？

这些问题的答案就在于我们在生活中如何以及在哪里找到认可和满足。本章将从更宏大的角度来看待财富的概念，并且探讨"真正的财富"如何为子孙后代提供目标和意义。

我们真正的成就感水平，取决于人际关系

1943 年，心理学家亚伯拉罕·马斯洛（Abraham Maslow）提出了需求层次理论，他在该理论中提出，人类受到一系列需求的驱动。首先人们是对食物、住所和衣服的基本物质需求。然后，所有人都需要安全、亲密的人际关系、爱、成就以及来自同辈的尊重等。

最终，我们追求的是个人成就感。回头看看我在第 1 章中介绍的 4 种生活状态，我们的更高需求体现在右上象限之中的财富创造者。我们想把注意力集中在那些能给我们带来更大自由、安全感和成就感的事情上。

财富自由系统重视保持健康的人际关系，并且帮助人们以卓有成效的方式影响他人的生活，因为到最后，我们每个人都带不走任何的物质财富。而我们生活中的人际关系，决定了我们真正的成就感水平。

家族办公室是我们创造财富的最终动力

在我们的文化以及现代的财务规划行业之中，绝大多数人重点关注退休，这真的是另一种形式的自我关注。许多人发现，退休并不像人们说得那么好：没有足够的钱，也没有事情可做，他们变得不快乐。对于那些终其一生每周都从事 50~60 小时自己讨厌的工作的人来说，他们的感觉可能不一样，但对那些工作富有成效，对社会有贡献，并且能在工作中创造价值的人来说，现代的退休概念可能就没那么有吸引力了。

财富自由系统重点关注的不是退休问题，而是关于创建家族办公室。家族办公室是我们创造财富的最终动力，与我们年龄到底多大无关，尽管在晚年时才开始思考这些事情会显得更自然。家族办公室并不新鲜，已经有悠久历史。

现在，我将尽最大的努力解释如何运行财富自由系统创建家族办公室。我在写这本书的时候，耗费数年时光研究和制定每章主题的时候，我并不认为自己是这些方面的专家。我们应当将这本书看成是对一些核心思想的概述和导向，而不是执行手册。

正如我之前提到的那样，我不是律师、注册会计师或注册理财规划师，对于任何有关理财或税务规划的疑问，你应该经常咨询有资质的专业人士。我常常提醒我的家人和企业客户：这是一个财富实验，我们正沉浸在自己的学习和实验过程中！这不能保证成功，但至少我们有机会，因为我们也有正确的模式，以增大我们成功的可能。

了解了这些之后，让我们继续学习家族办公室的创建模式。

继承巨额财富反而是祸端？

家族与财富之间有一种有趣的相关性。研究人员观察到，继承的财富可能是对家族产生最大破坏力的因素。具有讽刺意味的是，家族内部由于意见分歧、争斗、诉讼、缺乏知识和过度消费，往往也是对继承的财富产生最大破坏力的因素。家族成员有可能摧毁继承的财富，就像诉讼、不良遗产和税务规划、糟糕的资金管理、失败的投资、战争以及其他危机一样毁掉财富。继承的财富对家族的破坏性，不亚于滥用药物和毒品。

当财富不带任何附加条件地到来时，它制造了继承者的优越感和依赖性，剥夺了继承者努力工作和取得成就的动力，剥夺了在失败中不断成长的愿望，剥夺了从错误中学习的机会。

如果财富创造者意外离世，留下没有属性的财富，对于继承者的自尊和成就感来说是致命的打击，并且会由于争夺继承权，继承者相互之间会争吵和诉讼，最终分裂一个家族，而且，诉讼会耗费大量的金钱。

遗产分配：4 种财产规划的模式

我们采用以下方法，在我们生命的尽头时，转移我们的财富。

第 1 种是最常见的继承模式。我称之为死亡再分配模式：等到你去世时，将财产分配给你的继承人或受益人。

第 2 种是慈善模式。有时候，一些有钱人不想将他们的财富传承给他们的继承人，因此，他们设立慈善基金会，或者把他们的遗产捐给教堂。这些有钱人捐出所有的财富。

第 3 种是花光模式。在美国流行的汽车保险杠贴纸，上面写着：我正在花掉我孩子的钱！它表达了当今大部分西方文化中消费主义价值观。

这 3 种方法中的每一种都存在一些问题：第 1 种，以死亡再分配模式来传递财富，而不传承管理财富必需的知识和性格，对于继承人或受益人来说可能是破坏性的；第 2 种，全盘捐款的慈善模式，最终会变成"授人以鱼，而非授人以渔"，并使得接受者产生依赖心理，这种模式可能无意中强化人们向他人寻求生存资源的习惯，此外，许多慈善组织的资金都用于运营而不是分配，这种情况并不少见；第 3 种，"在死之前把钱花光"的方法是以自我为中心的终极体现，到最后，你什么也没留下，你唯一的传承就是你是一个了不起的消费者，然后死去了。

家族办公室是第 4 种方法，它让我们挑战自己（见图 6.1）。有句古老的谚语说，一个好人会把财富留给他孩子的孩子。财富自由系统的模式不仅关心你传承了多少财富，还关心你如何以及何时将其传承下去，何时告知下一代有关家族资产的信息，以及

如何提供机会来培养下一代人管理财富的性格和技能，而不破坏他们的雄心壮志。

死亡再分配 *财产直接分配给继承人或* *受益人，可能是破坏性的*	**慈善** *捐出财产，* *可能让接受者产生依赖心理*
花光 *全部花掉，* *成为了不起的消费者*	**家族办公室** *新模式，新挑战*

图 6.1　遗产分配：4 种财产规划的模式

家族办公室是我正在努力践行的遗产分配方式，目前只是积累了一定经验。

使用我们的全部"资源"，帮助下一代为成功做准备

我妻子和我小时候都生长在贫穷的家庭。我们年纪轻轻就成了企业家，创建了成功的公司，同时也犯了许多错，一路走来，学到了很多经验。我们不希望我们的孩子跟我们一样，意思是说，

我们不希望我们的孩子在没有安全感的、不稳定的环境中长大。我们想在稳定的家庭中抚养我们的孩子，给他们一个与我们截然不同的成长环境。

与此同时，我们不希望我们的孩子轻易地得到他们渴望的一切。我们希望他们懂得努力工作的价值。从他们 9 岁或 10 岁起，我们就教会他们存钱。我们的目标是使用我们的资源来帮助下一代为成功做准备，当一名卓有成效的社会成员，并且继续为集体的家族资产负债表做贡献。我们专注于创建家族办公室，并使之合理运营，这样无论家族拥有什么财富，都不会毁掉我们的家族后代。这个目标很伟大，值得我们倾尽全力。

你可能以为，毁掉一个人或者制造家族的混乱，需要花很多钱才行，但我无数次看到家里有人在没有立下遗嘱、信托或明确指示的情况下去世，兄弟姐妹或继承人因为一些微不足道的事情而争吵。尤其是，如果家族内部没有统一的价值体系和文化观，情况就更糟了。

所以请理解，当我在这里谈论"财富"的时候，不只是单纯的金钱，用财富自由系统的术语，我们真正谈论的家族办公室基础——指的是你树立的榜样、你的性格、技能以及你留给下一代的价值体系，所有这些，和你留给他们的金钱、资源和资产一样重要，甚至更重要。

继承的不仅是物质财富，更是无形的精神财富

财富自由系统不太热衷于西方文化定义的"死亡再分配"或"继承"遗产模式。我们倾向于更宽泛地定义遗产。相反，我们采用"家族银行"的概念来帮助我们的孩子建立自己的资产负债表，并且为他们创造机会来学习如何理财。

财富自由系统采用了家族办公室的模式，随着年龄的增长和心智的成熟，家人越来越多地参与某些家族资产的管理。当我们去世后，家人将对他们的下一代而不是对他们自己负责任。他们不是直接的受益人，但他们作为托管人对后代子孙负责任。

世界上许多最成功的家族都采用家族办公室模式。**家族办公室的概念实际上从人类诞生开始就存在，是代与代之间有形和无形资产转移最持久的方法。**多代同堂的家族后辈能够从家族前辈的专业知识中获得复合回报，无论是从前辈的企业中，还是从前辈的人际关系中，或者两者兼而有之。他们的想法是，后代不会从零开始，而是可以利用上一代创造的财富。家族办公室模式鼓励一种重视个人责任、成就和努力工作的文化。它的目标是使人们成为创造财富的生产者，而不是财富的消费者。

家族办公室已经有悠久历史

根据家族办公室模式，每个家族成员都得对自己的生活方式负责，花自己的钱，过自己的日子。这对该模式的成功至关重要，也让家族成员对新的机会充满渴望。没有人靠家族财富来维持日常生活。每一名家人都必须出去工作，在市场上生产和创造价值。每个人都为了自己而运用财富自由系统的原则与策略，产生自己的收入，学习怎样使生产大于消费，并在他们的财富账户中积累资金和资产。

如果某位家人想要住上更大的房子，那他必须为之努力工作。如果他想开一辆更好的车，他就得挣钱来买。从本质上说，家族办公室模式对家族资金设置了附加条件或严格的约束。其目的是建立控制和协议，规定资产分配方式，并且确保分配到适当的项目，即现金流资产。这有助于每位家人都富有成效并且各自在生活中取得成功。

几十年来，超级富豪们一直在使用某种形式的家族办公室。建立家族办公室确实需要大量的财富、足够丰富的专业知识和资源，以便很好地实现其功能，并且很好地管理。

但现在，任何人都可以在自己的家族中按本书理念实施这一模式，无论他们是否富有。

家族办公室是一种用"制度化"决策来保住家族财富的方法，换句话讲，像经营企业一样经营它。家族办公室通过共同的经济利益使家族团结在一起，不剥夺子孙后代为自己的成功而努力工

作的机会，但必要时帮助他们。它使用了帮助企业主的家族世世代代保住财富的相同原则。和公司一样，家族办公室理论上可以永远经营下去。

意大利人尤其擅长创建成功的家族办公室。许多意大利酿酒厂和时装公司都是延续多代的家族企业。这种模式在整个欧洲和其他地方都得到了应用，通常被称为"老钱"（old money）。

家族办公室有什么？

家族办公室应当包括一套组织结构，类似于通常拥有董事会的企业，董事会负责监督运营、管理、方法、决策、怎样支出资金和如何选择投资的流程。他们有使命宣言和一整套的价值观。家族办公室具有许多相同的结构，包括标志，或者类似古老家族的家族徽章或盾徽。家族办公室的另一个组成部分是家族理事会，相当于公司董事会。

家族理事会

家族理事会是家族产业的管理机构。它负责家族资产管理的决策，并指导所有的资金支出。为了成为家族理事会成员，家庭成员要从事某种形式的生产性活动，并对家族做出重大的贡献。

家族理事会根据家族信托的规定进行资金分配，分配的资金可能用于教育、职业发展，也可能为家族银行的现金流资产而融资。家族资源或种子资金的管理是为了未来而不是现在的利益，并且为家族的经济稳定做出贡献。家族理事会不发放救济品或紧急援助，没有人可以在家族理事会任职而谋取私利。

在我自己的家族，随着我们尝试和学习如何应用这个模型。再说一次，请你记住，我不是出生和成长在富裕家庭的，我是在生活中学会如何变得富有的。我发现，最好让孩子参与"家族理事会"的会议，即使他们无法投票，最初只有第一代财富创造者有权投票或者保留否决权。这样的好处是整个家族在数年时间里共同参与这个过程并从中学习，以便等到最初的财富创造者传承财富的时候，理事会已经很好地运行，而且，在没有第一代家族成员教授或指导的情况下接管并领导整个家族的时候，第二代家族成员能熟练地掌握管理家族财富的技能。

家族办公室的一个主要目标是帮助现在和未来的家族成员找到有意义的人生目标，并发现一条给他们带来自由、安全感和成就感的道路。

一个家族的财富，就以这种方式延续并代代相传。给家族成员提供终身学习的机会，有助于确保适当利用资源，传承家族的价值观和财富。

提醒一句：这不是一件小事情，特别是，你是通过反复试验建立家族办公室模型的第一代人。确定家族办公室的结构细节、设定家族理事会成员的标准，以及使之能够成功运转起来，都需要大量时间。这是一直以来往往只有超级富豪才会使用这种方法的原因——它并不容易运营。记住财富自由系统的原则，从小规模开始，慢慢发展壮大。此外，你还面对这样一个现实：你要和不同的人打交道，他们有着不同的个性、兴趣、动机等，最重要的是，你必须尊重每个人的自由意志。给自己足够时间，随着家族的发展壮大而做出调整。

信托与家族银行

许多人或许以为信托只适用于大额遗产或有钱人，但事实并非如此。无论遗产多寡，建立信托都是有意义的，这当然也是家族办公室模型的关键组成部分。

信托有两种类型。第一类是建立可撤销的信托，这是大多数人生前信托和家族信托的组成部分。它是遗产规划的基本要素，包括遗嘱、医疗保健和其他指令。

另一类是不可撤销的信托，其具有世袭性或永久性。这类信托需要一位经验丰富的律师来合理地组织，并确保其起草时符合本家族的价值观与目标，同时将高效的税务规划考虑进来。

信托有特定的目的，包括资助教育、支持人道主义工作，也包括创办新的企业。信托还可以包括"家族银行"，它规定如何管理资金。家族银行可以是证券账户、银行账户、有限责任公司或其他持有信托资产的实体。

在财富自由系统中，信托的资产是那些多年来在财富账户中不断正增长的资产。信托成了财富账户的所有者，而这个账户现在可能已变成多种资产组合，因此，当最初的财富创造者去世时，家族的财富会得以完整保存。

家族银行的作用是为家族办公室的利益提前留出一部分信托资产。它使资产可用于有价值的生产性活动。

假设一位家族成员十分年轻，从事全职工作，独立承担他所有的责任，并且想开始建立一个出租房产的投资组合。为了能买到适合装修和出租的房子，他需要一大笔现金，要知道，当你开始新生活时，也很难拿到足额现金。这时，家族银行就可以介入，向他发放贷款。理想的情况是，到那时，家族办公室已经建立，申请贷款的家族成员认同家族价值观，并且没有背负消费者债务或会贬值的资产的债务。

如果一个接受贷款的家族成员没有履行他的责任，或者没有及时支付票据，家族银行将取消该财产的赎回权并接管它，就像真正的银行那样行事。

家族银行也可以为家族成员创业提供贷款。放贷前，家族银行会仔细调查申请贷款的家族成员的过往历史和掌握技能，合理评估该成员创业成功的可能性，但它永远不会施舍。家族银行也可以选择通过助学金或贷款来资助家庭成员的教育。如果家族成员高效使用教育资源，可以免除还贷或者将贷款转化为补助金，更理想的情况是，家族成员在偿还贷款的时候知道自己在为子孙后代理解家族银行的价值做贡献。家族银行有一定的灵活性，但家族银行主要目标是为子孙后代服务，这就要求其资产负债表保持偿付能力和健康状态。

家族会议

每年召开一次或更多的家族会议，讨论家族的资产、企业和财产以及家族银行的投资。

我的孩子还小的时候，就开始参加家族会议。采用这一方式，我们开始教他们诚实和勤奋工作的价值、如何管理财富、好的与坏的债务之间的区别、投资涉及的内容，以及财富自由系统的其他概念和原则。我们向孩子们灌输对家族有意义的价值观，鼓励他们去寻找人生的目标，踏上通往成功和有成就的人生道路。我们还讨论了他们成功的重要性，这样他们就可以代表他们的子女和孙辈为家族办公室添砖加瓦。

年度的家族会议还为处理家族问题或冲突提供了一种模式，这些问题比处理财富更重要。每个家族都经历着具有挑战性的危机。生活会有高光时刻，也会有低谷时期。家族会议使得家人有机会将问题搬上台面，否则这些问题不能被妥当处理，可能导致家族分裂。家族办公室的宗旨是创造团结，年度的家族会议是一个亲人团聚的好机会。

家族会议可以从讨论家族投资和财务决策开始。它还可以包括各种主题的教育环节，由家庭成员或邀请外部客人和专家作为讲师，主题可以是投资策略或物业管理方法等。然后可以腾出时间来讨论其他事情，也许是某人与十几岁孩子之间发生的问题。

不用说，家族会议是家人聚在一起度过美好时光的绝佳时机。我们有时在国外召开家族会议，有时则去附近好玩的地方召开。家族会议甚至可以像野营旅行那样简单。有时我们可能只花几个小时讨论家族事务，其余的时间，我们一起出去玩耍。

可传承的家族价值观和家族文化

当人们想到遗产时，通常会想到传统的遗产规划，这往往需要建立信托和订立遗嘱。几乎没有人考虑到传承家族价值观和家族文化，对于家族成员是否每年聚会一次来讨论家族事务，也没有硬性的要求。家族文化包括领导风格、传统和包含信仰在内的共同价值观。它可能强调付出、教育、身体健康和幸福。家族文化还包括生日会、节日、假期和其他类型的聚会。

我们家的家族聚会已经成为家族文化的重要组成部分，连孙子孙女都很期待。很明显，小一点的孩子不参加家族理事会的会议，但他们会和家族成员待上一个星期，并且与他们年龄相仿的兄弟姐妹玩得很开心。

家族文化围绕共同的价值观和资源，比如专业知识、经验、人脉、精神智慧，以及家族银行中的资产，将家族成员团结起来。家族成员有理由团结在一起，克服各种困难，因为家人之间有着共同的利益和价值观，包括有形的和无形的。

强大的家族靠一代又一代家族成员的成长和努力。每出现新的一代，都能利用上一代的资产、资源和优势。随着家族的发展壮大，可以延伸到其他家族和社区。家族的每个成员都能自由地追求自己的梦想，无论是做慈善工作、创业，还是当普通员工，这都很好。多样性和差异性是家族的优势，而不是劣势。家族成员也许并不总是喜欢家族内所有成员或者对每件事都意见一致，但他们因为共同关心的问题而团结在一起。

财富自由系统鼓励你尽快着手创建家族办公室。就像别的事情一样，创建家族办公室的过程也有一个学习曲线，你也会在此过程中犯错。我们可能需要 10 年、20 年甚至更长时间来调整该过程包含的各个环节与流程，这和其他行业是一样的。要找出有效和无效的步骤，是需要时间的。在程序标准化、家族文化制度化之后，家族办公室的结构就有了它自己的生命。

家族办公室的目标是帮助我们解决财富带来的负面影响。

再说一次，我不能保证家族办公室模式一定成功，但我最真诚地相信，这种模式使我们有最大的"命中率"来实现目标，同时也使我们的家族围绕一个卓有成效和趣味横生的项目来奋斗终生！这一切都是值得的。

我们可以在创造财富的同时，
拥有饱满的爱与幸福

财富自由系统探讨的不仅仅是金钱，他描绘的是一种幸福生活的心态和方式。除了提供创造财务独立和生活安全的工具与方法，他还重视并保持积极的人际关系、身体健康和精神饱满。

采用财富自由系统，意味着我们的人生就要开启自我求索的模式，并且要擅长从逆境中学习。其目标是使我们在获得财富的道路上成为更强大、更优秀、更有成就感的人。

没有人想让自己最后变成富裕的可怜虫。人们常常在追求财富的过程中伤害别人。他们不断地追求更多的财富、更多的权力或更多的威望。他们永远不会快乐或满足，他们的生活缺乏有意义的、高质量的关系。

财富自由系统把生活质量和追求自由、安全感和成就感摆在首位。自由和安全感来自健康的人际关系和经济基础，而成就感

来自对社会做出积极的贡献，时常问自己真正需要什么，知足常乐。最终，真正的财富来自内心，这是金钱买不到的。

我开始追寻财富的旅程时，曾经到过这样的地步：我遇到的任何东西，都无法给我带来我寻求的成就感。我不开心，也不总是以我想要的方式对待别人。别人对我的看法，影响了我对自己的看法。我只看那些让我快乐的外在事物——账户数字、外在的成功、进步和成就，而不是看内在。即使在今天，这个内在的敌人时而也会抬头，需要我永远对其保持警惕。

许多人错误地以为，他们必须在拥有金钱和人际关系之间做出选择。其实，重要的是我们如何使用我们的时间和精力。若是我们更看重物质，不太关心身边的人们，就会贬低他人来得到我们想要的东西。若是我们极其重视与他人的关系，而且认为雄心壮志和成功是不好的，那就会不重视我们自己的成功。根据财富自由系统，我们可以同时拥有上述两者。我们可以选择为自己承担责任，同时为他人创造价值，并且遵循爱的生活法则。

我希望这本书能帮助你发现，真正的财富意味着内在的财富。真正的财富来自内心。当你理解了这一点后，你拥有的所有资源就都可以用于创造你的财富大厦了！

致 谢
True Wealth Formula●

　　感谢我美丽而勤奋的妻了达妮，你是上天赐给我的最珍贵的礼物。娶妻如你，是我之福。你热情的心和不屈不挠的精神不仅影响了我们的家庭，而且改变了上千万人的生活。感谢你对我们一家人坚定不移的奉献，感谢你即使在最困难的时候也从不放弃。谢谢你一直相信我和我创造的财富自由系统。没有你，就没有财富自由系统。你真是世界上最好的贤良女性之一，在我眼里，你永远美丽。

　　感谢我们的孩子阿里卡、凯布、罗曼、迈卡和克里斯蒂娜。你们都是我的骄傲。能够和你们分享生活，向你们学习，对我来说是一份无价的礼物。谢谢你们的幽默、毅力，还有你们的战士气概。世界真的是你们的，你们有能力去克服所有的困难。

　　感谢我的妈妈和爸爸。谢谢你们选择了一起生活，总是尽你

们最大的努力做到最好，并且鼓励和相信我。我爱你们，能够成为你们的儿子并继承你们的传统，是我的荣幸。

感谢那些在人生旅途中激励我们的前辈、向导和老师们。感谢你们愿意和我分享知识，并鼓励我成长。

感谢图书编辑和项目策划经理耐心地帮我厘清思路并最终完成此书，我和其他人都对你们和你们所做的工作表示感谢。

感谢花时间阅读本书的读者，感谢你们相信并运用本书介绍的财富自由系统，为我们的世界带来急需的改变。你们的鼓励、支持和反馈，帮助改进和传播了财富自由系统，如果没有你们，这些都不可能发生。在你们面前，我永远谦卑和感激。

财富性格自测题

1. 以下哪一项能让你获得最大的满足感?

    A. 安静独处的时光

    B. 结交新朋友

    C. 把想法变为现实

    D. 为他人服务

2. 以下哪一项是你最不喜欢的?

    A. 出去社交

    B. 反复解释同一件事

    C. 从电子表格中查找详细信息

    D. 不断想新的计划

3. 以下哪一项对你而言最简单?

    A. 制订计划

    B. 达成划算的交易

C. 与人相处

D. 整理琐碎信息

4. 以下哪一项对你而言最困难？

A. 阅读详细的产品使用说明书

B. 取悦陌生人

C. 耐心地等待他人的回复

D. 快速想出好主意

5. 以下哪个词语最能描述你？

A. 有创意

B. 可靠的

C. 开朗外向

D. 注重细节

6. 过去一年，你每个月可用于投资或储蓄的钱是多少（每月总收入减掉总支出的剩余）？

A. 负，我花的钱比赚的钱多

B. 零，我花的钱和赚的钱差不多

C. 正，每月底我手上可用金钱总额都会增加

D. 我不知道

7. 你目前每月的收入或投资收益是否超过你的个人支出？

A. 否，我目前没有收入

B. 否，我每月总支出大于总收入

C. 是，我每月总收入大于总支出

D. 我不知道

8. 如果你需要在下个月中增加 10 000 美元额外收入，你会采取什么行动？

A. 让公司给自己加薪

B. 通过我的企业或投资来产生这笔收入

C. 卖掉过去投资的、目前已增值的资产来完成这笔收入

D. 我不知道

9. 如果你想为你的企业或投资额外增加 10 000 美元，你会采取什么行动？

A. 不可能，我没有自己的企业，也没有任何投资

B. 我会想办法让企业的业绩提升

C. 我会要求我的团队提供提高营收的计划

D. 我不知道

10. 如果你想为你的企业或投资额外增加 100 000 美元，你会采取什么行动？

A. 完全不可能，我没有任何可以增加价值的企业或投资

B. 我拥有或控制的资产用来创造需要的净利润或净收益

C. 我要求我的投资团队从我的资产中找额外的投资价值

D. 我不知道

11. 如果你需要 1 000 000 元人民币，你会怎么做？

    A. 通过我的工作、公司或投资来赚到这笔钱

    B. 通过发行股票的方式，从股市募集资金

    C. 增加自己拥有的货币量，并释放到市场

    D. 我不知道

12. 在过去六个月中，你每月可用于投资或储蓄的钱是多少
（每月总收入减掉总支出）？

    A. 负，我每月花的钱比赚的钱多

    B. 零，我每月花的钱和赚的钱差不多

    C. 正，我月底都获得更多的个人净现金

    D. 我不知道

13. 以下哪一句陈述最能描述你？

    A. 我不得不借钱来维持日常生活

    B. 我过去没有借钱，但有需要的话我会借钱生活

    C. 我从来不负债，如果负债，我会削减个人开支

    D. 如果有助于我的投资或事业，我愿意承担更多的债务

14. 以下哪一句陈述最能描述你的投资计划？

    A. 我没有投资计划，因为我没有钱可投资

    B. 我只有在有闲钱的时候才储蓄或投资

    C. 我每月都存钱或投资

    D. 我的公司为我管理投资计划

15. 以下哪一句陈述最能描述你当前的收入？

    A. 我每月领薪水，扣除支出之后每月都有剩余

    B. 我有多个收入来源，我的收入比支出高

    C. 我的公司账户和个人账户混在一起，很难区分

    D. 我目前处在入不敷出的状态

16. 以下哪一句描述对你来说最正确？

    A. 我热爱我的工作，做我热爱的工作比赚钱更重要

    B. 我对自己的现状不满意，正在寻求改变

    C. 我对自己的现状感到满意，但还是想要持续改善提升

    D. 我担心现状会变得更糟，我不知道该怎么办

17. 你是站在怎样的立场来阅读本书？

    A. 作为学生学习

    B. 作为导师或合作伙伴赚钱

    C. 以上两种皆是

18. 以下哪一项最适合形容现在的你？

    A. 投资者

    B. 企业主

    C. 企业员工

    D. 待业

    E. 学生

    F. 退休

19. 你的领导能力处于什么水平?

    A. 刚刚入门

    B. 经验丰富的团队成员

    C. 小团队的管理者

    D. 中层管理者

    E. 高级管理者

    F. 首席执行官、首席运营官、首席财务官、企业高管或董事会成员

备注: 通过这些测试题，你将发现自己的财富性格和财富层级。查看原英文测试题并进行自我测试，请登录网站 https://millionairemasterplan.com/。

财富性格解析

财富性格类型分为 4 种，分别是发电机型天才、火焰型天才、节奏型天才和钢铁型天才（见图 B.1）。

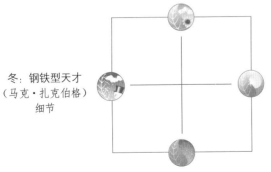

图 B.1　4 种财富性格类型

在财富全球定位系统创导者罗杰·詹姆斯·汉密尔顿的《财富流》里，汉密尔顿介绍了财富性格以及财富进阶的内容，他为我们提供 4 个财富性格、9 个财富层级和 1 套财富全球定位系统的解析。读完本书，再参考《财富流》的内容，你将创建个人事业的行动规划，制定专属财富跃迁路线图。认清天赋、明确方向，构建财富护城河。

每种财富性格类型都有自己的优势和不足，它们的特点如下（见表 B.1、B.2、B.3、B.4）。

表 B.1 发电机型天才

擅长	**创造**：发电机型天才擅长启动新项目，并推动其向前发展。他们比任何人都更能预见未来，能够凭借"外太空思维"和短暂的注意力获得成功
不擅长	**执行事务，制订时间计划，分清主要问题和次要问题，集中注意力**：课堂上，发电机型天才常常开小差，以至于惹怒老师
成功方程式	**通过创新创造价值**：发电机型天才拥有创造力，敏锐的洞察力及开拓精神，他们不断成长
失败方程式	**磋商和运用直觉**：发电机型天才最不擅长规划时间，也不擅长服务或理解他人，他们不能够像钢铁型天才那样行动
与之互补的类型	节奏型天才

表 B.2　火焰型天才

擅长	**交流和沟通**：火焰型天才很喜欢人际交往，他们会把人放在第一位，喜欢和他人交谈，听他人的故事。这种类型的人通过交谈和听故事学习
不擅长	**细节**：火焰型天才最不擅长分析和计算细节
成功方程式	**通过夸大创造影响力**：火焰型天才会问这样的问题：如何把这件事变得只有我能做到？他们会通过扩展人际关系建立自己的品牌。他们擅长夸大
失败方程式	**计算**：当火焰型天才需要进行具体的计算工作，或身处不需要其他人参与的工作环境中时，他们就会陷入僵局
与之互补的类型	钢铁型天才

表 B.3　节奏型天才

擅长	**脚踏实地，处理大量事务，亲力亲为，希望得到褒奖和夸赞**：不要期待节奏型天才想出绝妙的创意计划，但他们会按时完成自己的工作
不擅长	**创新、公共演讲、战略规划、高瞻远瞩**
成功方程式	**制订时间计划创造价值**：节奏型天才不需要创造任何东西，只要他们知道何时买入，何时卖出，何时行动及何时推迟
失败方程式	**创意**：节奏型天才最不擅长的就是在白纸上创造新东西，也不擅长开辟通往成功的新道路，因为这没有运用到他们天生的感知能力
与之互补的类型	发电机型天才

表 B.4 钢铁型天才

擅长	**计算**：钢铁型天才喜欢手册、指南，会为了掌握全部信息而仔细阅读哪怕字号很小的说明书。他们会不慌不忙地做事，力求把事情做对。他们不会仓促行事，会细致地创造出一套系统，以建立自己的"流"（Flow）
不擅长	闲聊和持续不断的沟通
成功方程式	**通过增殖法创造影响力**：钢铁型天才喜欢问"怎样才可以让这个项目没了我也能正常运转"。通过创造系统，他们把事情化繁为简，事半功倍
失败方程式	**沟通**：钢铁型天才常会吸光发电机型天才的能量（他们的金属斧头会砍倒发电机型人的创意之木）。如果和钢铁型天才接触太多的话，会令发电机型天才原本敏锐的头脑变得迟钝（正如火可以熔化金属）
与之互补的类型	火焰型天才

以下是历年来我们的读者推荐的兼具权威性和实用性的图书。

致富之道

《财富流》（*The Millionaire Master Plan*）

罗杰·詹姆斯·汉密尔顿（Roger James Hamilton）

《思考致富》（*Think and Grow Rich*）

拿破仑·希尔（Napoleon Hill）

《百万富翁的思维密码》（*Secrets of the Millionaire Mind*）

T. 哈维·埃克（T.Harv Eker）

《百万富翁快车道》（*The Millionaire Fastlane*）

M.J. 德马科（M.J.DeMarco）

《巴菲特的护城河》（*The Little Book That Builds Wealth*）

帕特·多尔西（Pat Dorsey）

《财务自由笔记》（*Millionaire Teacher*）

安德鲁·哈勒姆（Andrew Hallam）

《费雪论成长股获利》（*Paths to Wealth through Common Stocks*）

菲利普·A. 费雪（Philip A. Fisher）

《怎样选择成长股》（*The Little Book That Makes You Rich*）

路易斯·纳维里尔（Louis Navellier）

《威科夫量价分析图解》（*Trades About To Happen*）

戴维·H. 魏斯（David H.Weis）

《浪潮式发售》（*Launch*）

杰夫·沃克（Jeff Walker）

掌控人生

《早起的奇迹》（*The Miracle Morning*）

哈尔·埃尔罗德（Hal Elrod）

《深度专注力》（*Free to Focus*）

迈克尔·海厄特（Michael Hyatt）

《重塑自我》（*The Happiness Equation*）

尼尔·帕斯理查（Neil Pasricha）

《叛逆天才》（*Rebel Talent*）

弗朗西斯卡·吉诺（Francesca Gino）

《反低调》（*Überzeugt!*）

雅克·纳斯海（Jack Nasher）

《时间管理的奇迹》（*Procrastinate on Purpose*）

罗里·瓦登（Rory Vaden）

《自律力》（*Lifestorming*）

艾伦·韦斯（Alan Weiss）和马歇尔·古德史密斯（Marshall Goldsmith）

《高效 15 法则》（*15 Secrets Successful People Know About Time Management*）

凯文·克鲁斯（Kevin Kruse）

经济洞察

《国家兴衰》（*The Rise and Fall of Nations*）

鲁奇尔·夏尔马（Ruchir Sharma）

《即将到来的地缘战争》（*The Revenge of Geography*）

罗伯特·D.卡普兰（Robert D.Kaplan）

《美元陷阱》（*The Dollar Trap*）

埃斯瓦尔·S.普拉萨德（Eswar S.Prasad）

财富自由系统永不过时

我只想感谢汉斯·约翰逊对我们的不离不弃。《财富流．财富与幸福篇》一书的理念永远不会过时！在过去 10 年里，关于投资与财富的理念早已改变，而汉斯·约翰逊的教学内容自始至终紧跟时代潮流，与这一理念保持密切关联。

——布拉德·哈姆斯沃思（Brad Harmsworth）

运行系统，财富正增长

汉斯·约翰逊说过："只需要每个月运用一次财富自由系统，你的银行账户就会看起来不一样了。"这话绝对没有说错！我很高兴自己运行财富自由系统后，我能将自己的年收入的 40% 拿

出来，用来偿还债务并将剩余部分放进我的财富账户，此外，我还会将 10% 年收入捐给慈善组织。

——尼娜·谢泼德（Nina Shepherd）

财富自由系统也适用企业

我只想让大家知道，我的团队和我正在研究汉斯·约翰逊的财富自由系统，因为我们正考虑将其引入我们公司。作为一名在金融服务行业从业近 20 年的受托人，约翰逊教的东西与我 2000 年在摩根士丹利（Morgan Stanley）公司学的金融工商管理知识截然不同。我想帮助我们的客户做好实现财富独立的准备，而不像 98% 的财富顾问那样给客户提供糟糕的理财建议。

——克里斯·斯托林斯（Chris Stallings）

财富自由系统改善了我的婚姻

这本书极大地帮助我们实现未来的财富健康！从这个财富自由系统中学到的技巧与知识，也给我带来了附加的好处，改善了我的婚姻！

——谢莉·卡尔弗（Shelley Calver）

与时俱进，创建家族办公室

我和我丈夫已经运行财富自由系统大约一年了，其中的高质量技巧让我们震惊！他使用具体的系统，解释了如何创建你的家族办公室模式，对我们的帮助超出了我们的预期。他正在慢慢地改变我们的观念，让我们更容易打理家族财富，而不仅仅是"富有"。约翰逊和他的家人秉承很高的标准和价值观去帮助别人！谢谢约翰逊！

——奥尔佳·明科（Olga Minko）

遵循百分比，摆脱惯性思维

这对我和我的家人来说都十分了不起，特别是，如今我知道，我需要在自己的账户中按一定的百分比来分配资金，他使得你摆脱了惯性思维对你的捉弄。使用百分比，我发现我变得更加坚决，会毫不犹豫地转移资金。

另外，我还非常高兴地建立了一个不断壮大的"捐款"账户——并且在捐给需要的人的同时，也不忘记设置我需要捐款的比例，对此我感到十分快乐。非常感谢你，约翰逊！

——泰德·诺曼（Ted Norman）

遵循系统就不怕犯错

最好的培训是告诉你如何让你的钱为你工作。这是一个循序渐进的系统，易于理解和实施，并且除去了所有的猜测，以节省你的时间，使你不用艰难地学习新事物。我们执行中也许会犯错，不必担心，我们只需要遵循系统并开始看到结果就行！

——詹尼弗·威尔伯恩（Jennifer Willburn）

财富自由系统适用于任何年龄的人

我们在努力削减债务的同时，已经运行这个财富自由系统将近一年。我们几乎不知道，自己拥有一种巧妙的、可理解的和实事求是的资源，这个系统与我们手头正在研究的东西完美地结合！我们正在探寻未知的道路上前行，到 60 岁仍然如此！ 财富自由系统适用于任何年龄的人，我知道我们会看到结果的，因为小芽已经冒出来了。

——苏珊娜·汉德里（Suzanne Handley）

《财富流》

[英] 罗杰·詹姆斯·汉密尔顿 著

张淼 译

定价: 69.80 元

快速发现性格优势，有效提升财富层级
认清天赋，明确方向，构建财富护城河

人人都渴望拥有足够的金钱，但只有少数人能在财富之路上畅行无阻，而多数人迷失了方向却不自知……

在《财富流》中，作者罗杰教我们认清自己的财富性格优势，并找到与自己对应的财富性格进行天赋互补、充分发挥每种天赋的优势；还教会我们如何运用这种天赋管理时间和金钱、构建人脉以及组建团队，使得"财富流"持续加深、拓宽。

本书测试了我们的财富性格类型，也评估了我们的财富所属层级；在引导我们严谨分析财富现状之后，用易于理解的"财富灯塔"模型，逐一诠释不同类型的人从红外层（背负债务）攀升到紫外层（成为传奇）的财富自由进阶之路，以完整的体系呈现个体自我价值变现的"财富流"行进轨迹。

《早起的奇迹：
有钱人早晨8点前都在干什么？》

[美] 哈尔·埃尔罗德　大卫·奥斯本

霍诺丽·科德　著

曹　烨　译

定价：62.00元

现象级畅销书《早起的奇迹》姊妹篇
早晨 8 点前这样做，创造财富奇迹

成为有钱人的真正秘密不在于能做多少事，而在于能做出多少改变。在本书中，哈尔将与知名企业家、财富建设顾问大卫·奥斯本一起为你解答有钱人如何将"神奇的早起"利用到极致，从而不断创造财富奇迹。

- 你会发现早晨和财富之间不可否认的联系；通过简单的"起床五步法"和"S.A.V.E.R.S. 人生拯救计划"，原来你也能像百万富翁一样自律。

- 想要成为有钱人，你必须做出四个选择；跳出思维定势，确定早起"飞行计划"，撬动资源杠杆，懂得何时该放弃，何时该坚持，才能使财富持续倍增。

- 搭建你的自我领导体系，以绝对会产生结果的方式利用自我肯定；拥有一套"自动充电"系统，并且用激光般的专注力实现百万富翁级别的目标。

- 书中还提供了 30 天"神奇的早起"与"奇迹公式"挑战奖励章节，帮助你即刻拥有高效清晨，像百万富翁一样思考、决策和行动。

《富爸爸的财富花园》

[美] 约翰·索福里克　著

王婉如　刘寅龙　译

定价：89.80 元

"财富园丁"致千禧一代的 12 堂灵魂财商课
激励两代人的金钱智慧与幸福指南

《富爸爸的财富花园》是由一位草根出身、实现财富自由的父亲为他雄心勃勃、即将步入社会的孩子写的，讲述了一位财富园丁的一系列关于创富的感人故事和实用智慧。在财富园丁的寓言中，作者探索了这些问题：

- 为什么我们需要追求财富自立、自尊与自由？
- 如何不被债务奴役，不被工资限制，睡觉时也能赚钱？
- 穷人和富人的思维方式根本差别在哪里？
- 如何在五年内改变你的财务生活，并实现一辈子的富裕？

"富爸爸"半生打拼的财富真知，字字珠玑
足以改写你一生乃至家族的财富命运

海派阅读 GRAND CHINA

READING
YOUR LIFE

人与知识的美好链接

20 年来，中资海派陪伴数百万读者在阅读中收获更好的事业、更多的财富、更美满的生活和更和谐的人际关系，拓展读者的视界，见证读者的成长和进步。现在，我们可以通过电子书（微信读书、掌阅、今日头条、得到、当当云阅读、Kindle 等平台），有声书（喜马拉雅等平台），视频解读和线上线下读书会等更多方式，满足不同场景的读者体验。

关注微信公众号"**海派阅读**"，随时了解更多更全的图书及活动资讯，获取更多优惠惊喜。你还可以将阅读需求和建议告诉我们，认识更多志同道合的书友。让派酱陪伴读者们一起成长。

✖ 微信搜一搜　🔍 海派阅读

了解更多图书资讯，请扫描封底下方二维码，加入"中资海派读书会"。

也可以通过以下方式与我们取得联系：

📠 采购热线：18926056206 / 18926056062　📞 服务热线：0755-25970306

✉ 投稿请至：szmiss@126.com　🌐 新浪微博：中资海派图书

更 多 精 彩 请 访 问 中 资 海 派 官 网　　www.hpbook.com.cn ▷